新型纤维增强复合材料腰梁结构性能研究与工程应用

白晓宇 章 伟 张明义 闫 君 | 著

中国建筑工业出版社

图书在版编目（CIP）数据

新型纤维增强复合材料腰梁结构性能研究与工程应用/白晓宇等著.—北京：中国建筑工业出版社，2021.1（2022.3重印）
ISBN 978-7-112-25654-9

Ⅰ.①新… Ⅱ.①白… Ⅲ.①基坑—纤维增强复合材料—结构性能—研究 Ⅳ.①TU473.2

中国版本图书馆CIP数据核字（2020）第237751号

本书系统阐述了新型玻璃纤维增强复合材料（GFRP）腰梁结构截面形式、力学性能、连接方法和工程应用。全书内容包括FRP结构材料性能的基本理论、GFRP构件截面形式比选、新型双腹板工字形GFRP腰梁结构性能与连接方法、新型GFRP腰梁施工工艺以及在基坑工程中的应用。

本书可供土木工程相关领域科研与工程人员阅读，也可供高等院校相关专业师生阅读或作为研究生参考资料使用。

责任编辑：毕凤鸣 周方圆
责任校对：张 颖

新型纤维增强复合材料腰梁结构性能研究与工程应用
白晓宇 章 伟 张明义 闫 君 著
*
中国建筑工业出版社出版、发行（北京海淀三里河路9号）
各地新华书店、建筑书店经销
北京点击世代文化传媒有限公司制版
北京建筑工业印刷厂印刷
*
开本：880毫米×1230毫米 1/32 印张：4¼ 字数：101千字
2020年12月第一版 2022年3月第二次印刷
定价：36.00元
ISBN 978-7-112-25654-9
（36680）

前言

基坑工程属临时工程，在其使用寿命期结束后，我国每年就有数百万吨的钢材、混凝土等材料被永久地埋于地下。在深基坑桩锚支护体系中，围护结构和锚杆之间通过腰梁连成整体并传递相互之间的作用力。目前腰梁的制作还是采用传统材料，如型钢腰梁和混凝土腰梁，既造成了大量的资源浪费、环境污染，还将影响地下空间的后续利用。研究开发可供循环使用的新型腰梁结构，符合我国可持续发展的战略方针，对合理利用资源、减少环境污染具有重大意义。

本书从工程实际需求出发，率先将 GFRP 材料成功地引入基坑支护结构的腰梁中，在保证安全的前提下加快了施工进度，节约工程成本，实现了资源的高效和循环利用。通过理论分析、室内与现场试验、有限元模拟对新型纤维增强复合材料腰梁的结构设计、制作、构件的力学性能以及连接方法进行了系统研究。本书在继承传统腰梁结构构件设计理论的基础上，探索创新、与时俱进，提炼与推广新材料、新方法，强调系统性与实用性，也力求便于读者自学。

书中主要创新内容如下：

（1）运用复合材料细观力学基础，对复合材料弹性性能的计算理论进行研究，确定目前可计算复合材料弹性性能指标适宜的公式。通过材料性能试验，对 GFRP 构件的材料强度及破坏机理进行了研究。

（2）对不同截面形式 GFRP 薄壁构件进行试验和有限元分析，对 GFRP 薄壁梁的受力性能和破坏形式进行研究，分析 GFRP 腰梁截面设计的关键因素；通过比选，确定 GFRP 腰梁构件截面形式。

（3）通过结构验算，确定了 GFRP 腰梁的构造尺寸，研制了新型 GFRP 腰梁构件。对新型复合材料腰梁构件进行静载试验和徐变试验，验证其基本力学性能和长期力学性能是否满足工程要求。

（4）根据腰梁现场连接的要求和施工特点，通过试验和有限元分析，比选满足构件变形小、节点承载力高的 GFRP 腰梁构件现场连接方案。

（5）结合工程实践，对 GFRP 腰梁的施工工艺和技术措施进行研究。对比传统材料腰梁，分析在基坑支护中采用新型纤维增强复合材料腰梁的工艺特点。

（6）采用对比试验的方法，对传统材料腰梁和新型复合材料腰梁段锚索预应力损失情况进行监测，评价新型纤维增强复合材料腰梁对基坑稳定性的影响。

本书是在国家自然科学基金“GFRP 抗浮锚杆体系多界面剪切特性研究”（51708316）、“十一五”国家科技支撑计划重点项目子课题“复合材料腰梁支护技术研究与示范”（2008BAJ06B03-2）、山东省高校蓝色经济区工程建设与安全协同创新中心子课题“复合材料抗浮锚杆成套技术开发与产业化”、山东省高等学校青年创新团队“近海工程防灾减灾创新团队”专项经费等项目共同资助下研究撰写完成的。笔者对上述科研项目的资金支持表示衷心的感谢。

在本书撰写和科研过程中，康文、张顺凯、王传鹏、王海刚、井德胜等做了大量工作，刘俊伟副教授在本书的编撰过程中提供了许多宝贵的意见，在此对他们表示诚挚的感谢。

希望本书能对我国土木工程领域的教学、科研与设计工作有所帮助。由于笔者的水平有限，书中难免有疏漏和不足之处，敬请同行和广大读者批评指正。

白晓宇

目录

第 1 章
绪论

1.1 研究背景及意义

2008 年世界进入城市化发展时期，整个世界的城市化水平超过了 50%。经验表明，城市化水平在 30% ~ 70% 是快速期，45% ~ 55% 是最快发展时期。中国于 2012 年达到了 51.27%，预计 2020 年将达到 56%。随着我国城市化进程的迅猛发展，一些问题（如土地紧缺、建筑空间拥挤、环境污染等）也相伴产生。城市发展的历史表明，单纯地以高层建筑和高架道路为标志的向上部发展模式，已不是扩展城市空间的最佳模式，向地下要空间成为城市发展的必然。如果说 19 世纪是桥梁的世纪，20 世纪是高层建筑的世纪，那么 21 世纪则是地下空间开发的世纪。

目前，我国在开发与利用地下空间方面已涉及工业、民用、交通以及军工等各个领域，出现了各种不同用途的地下空间，如高层建筑地下室、地下通信设施、地下排污管道、地下商场、停车场、地铁车站、隧道、地下人防等工程。与此同时，基坑工程，其最基本的作用是为地下工程开挖创造条件，主要包括挡土、支护、降水、挖土等环节，随着地下空间开发规模的不断加大，基坑则越挖越深，开挖面积越来越大，例如，作为上海建设史上最深的基坑——上海地铁四号线董家渡修复基坑，其深度达 41m；就青岛市而言，近几年每年开工的建筑深基坑达数百个，开挖最深者超过 27m。

目前，在深基坑工程施工中常见的支护形式主要有排桩支护、土钉墙、桩锚支护、地下连续墙及联合支护等，多由钢材、混凝土、钢筋混凝土等传统材料建造。基坑工程属于临时工程，在其使用寿命期结束后，在我国每年就有数百万吨的钢材、混凝土等材料被永久地埋于地下。这既浪费大量的资源，污染环境，还影响地下空间的后续利用。因此，在基坑支护中采用可循环利用、无污染环境的新型建筑材料和施工技术已成为当前岩土工程界亟待解决的课题。

1.2 研究目的

深基坑桩锚支护体系是由排桩组成的围护体系和预应力锚杆组成的锚固体系构成的，围护结构和锚杆之间通过腰梁连成整体并传递相互之间的作用力。目前腰梁的制作还是采用传统材料，如型钢腰梁和混凝土腰梁，如图 1-1 所示。本书的研究旨在开发研制可循环利用的新型材料腰梁以取代传统材料腰梁，从而达到节约资源、保护环境的目的。

图 1-1　传统材料腰梁

近年来，轻质高强、耐腐蚀的纤维增强复合材料（Fiber Reinforced Polymer，简称FRP）正成为土木工程界的一种新型结构材料。通常根据纤维增强体的种类，FRP可分为玻璃纤维增强复合材料（GFRP）、碳纤维增强复合材料（CFRP）、芳纶纤维增强复合材料（AFRP）等类型。其中玻璃纤维增强复合材料，俗称玻璃钢，因相对造价低，是目前土木行业应用最为广泛的纤维增强复合材料。

与采用传统材料相比，在基坑支护中采用纤维增强复合材料制作腰梁有以下优势：

（1）复合材料腰梁重量轻，可以避免现场使用大型起重设施，现场施工更安全、快捷；

（2）复合材料腰梁可形成可拆卸式的施工工艺，符合节约支护成本、减少资源浪费与保护环境的宗旨；

（3）复合材料腰梁可以更充分发挥材料强度、变形特性，支护体受力性能良好。

目前在基坑工程中，已进行了采用复合材料土钉、GFRP锚杆代替传统材料的工程尝试，如图1-2所示，但至今尚未见到采用纤维增强复合材料制作腰梁的研究报道。

FRP材料虽然在土木工程界已开始得到了关注，但是至今工程界对这种新型结构材料的力学性能还缺乏足够的认识和掌握，在FRP的结构设计领域还没有形成相关设计规范及成熟的设计理论。因此，本书主要以试验研究为基础，从施工便捷、绿色环保、资源可重复利用角度出发，研发在桩锚支护体系中使用新型纤维增强复合材料腰梁支护装置，通过使用附属连接件实现腰梁的循环使用，替代传统的钢筋混凝土腰梁或型钢腰梁。

（a）FRP 锚杆

（b）可拆卸 FRP 面板土钉支护体系

图 1-2　纤维增强复合材料在支护工程中的应用

1.3　国内外研究现状

1.3.1　FRP 结构在土木工程中的应用领域

复合材料是由两种或两种以上性质不同的材料组合而成，各组分之间性能“取长补短”“协同作用”，可以得到单一材料无法比拟的优良综合性能。复合材料的概念不是人类发明的，自然界中就存在许多天然的复合材料，如竹子、树木其实就是天然生长的纤维复合材料。人类也很早开始认识到几种材料的组合是有益的，如 6000 年前人们学会用稻草加黏土砌筑房屋，由砂石、混凝土、钢筋构成的复合材料已广泛地应用于当代建筑，而复合材料真正显著地发展是纤维增强复合材料的出现，如 GFRP、CFRP 等。

FRP 最早出现在 1942 年，第二次世界大战后，随着石油化工业的迅速发展，人们第一次将高强度、高硬度的玻璃纤维通过质轻价廉、耐腐蚀的树脂进行粘合，从而形成了力学性能和耐久性能更优良的复合材料——GFRP。为满足航空和航天业的高性能需求，FRP 在 20 世纪 60 ~ 70 年代得到商业性的开发利用；到 20 世纪 70 年代，随着 FRP 生产成本的降低，它开始进入体育用品市场；20 世纪 80 年代末～90 年代初，FRP 制作商开始更加关注如何降低生产成本，随着 FRP 价格持续减低和发达国家基础设施更新需求的增加，FRP 因为质轻高强，开始在土木行业领域得到重视。近 20 年来，FRP 作为结构材料的应用已在土木工程中得到了快速的发展，主要应用领域包括新建建筑和桥梁的加固、已建建筑物和桥梁的修复及 FRP 结构。

（1）FRP 拉挤型材结构

20 世纪 70 年代以前，FRP 产品主要是用于建筑中的非结构构件和电气制品的小型构件；20 世纪 70 ～ 80 年代早期，随着拉挤工艺技术的进步，产生了可用于建筑结构和桥梁上部结构承重的大型拉挤式 FRP 构件（截面尺寸大于 150mm × 150mm），FRP 异形材首次作为纯结构构件建造了电磁干扰测试（EMI）实验室。同一时期，美国 FRP 生产商开始大批量地生产建筑中使用的“标准”工字形截面梁，这些标准型材通常仅作为小型结构单元或结构系统中非主要承载构件，如图 1-3 所示。至 20 世纪 90 年代，FRP 作为主要受力构件的应用得到了快速发展（虽然仍然是示范工程性质），FRP 型材开始应用于桥梁和民用建筑设计、施工中。位于美国弗吉尼亚 Fort Story 的高 19.4m 六层承重式楼梯塔，采用的是美国最大的 FRP 生产商 Srongwell 公司生产的截面为 250mm × 250mm 的拉挤工字形构件，如图 1-4 所示；1992 年架设于苏格兰 Aberfeldy 的斜拉索桥是世界上最早及桥长最长（144m）的全 FRP 人行天桥，桥面板即采用了联锁式的 GFRP 拉挤型材，如图 1-5 所示；英国 Maunsell Structural Plastics 公司在 Avon 修建的一幢 2 层楼，采用了预制联锁式的拉挤型材；图 1-6 是 1998 年建于瑞士 Basel 的名为“Eyecatcher 建筑”，为三榀 GFRP 框架结构，型材之间采用粘结和栓接，外围护结构采用 GFRP 透明夹芯板，共 5 层，高 15m，是目前世界上最高的全 FRP 建筑。FRP 异形材主要应用于格栅式输电塔、灯杆、公路栏杆等。

作为钢材和混凝土之后“第三大现代结构材料”，FRP 虽然出现于 20 世纪 40 年代，但是直到近年才在土木工程界得到关注。由于缺乏相关的设计规范，即便到目前，拉挤型构件的设计主要还是依赖设计者的经验判断和基础力学知识。FRP 型材要成为主流建筑材料需解决三个问题：首先是制定国际通用的拉挤型材规范，以便为设计人员提供合理的、可靠的材料性能参数；其次是制定基于现有结构和桥梁规范的拉挤型材结构设计规范；最后是降低拉挤型材的生产成本，目前 FRP 的价格和当前传统的主流结构材料相比还不具备竞争力。

图 1-3　拉挤杆件轻型框架结构

图 1-4　19.4m 高的 GFRP 楼梯塔

（a）FRP 人行天桥

（b）联锁式的 GFRP 拉挤型材桥面板

图 1-5　苏格兰 Aberfeldy FRP 人行天桥

图 1-6　GFRP“Eyecatcher”建筑

（2）FRP 组合结构

FRP 组合结构是指将 FRP 结构和混凝土、钢材等传统结构材料进行受力组合的一种结构形式，例如图 1-7 是位于美国加州的 Kings Storm Water 桥，该桥上部结构是由长为 20.1m 的两跨连续梁板体系组成，混凝土填充的碳纤维管构成了纵向的主梁体系，并且在顶部和一块桥面板连接起来。

图 1-7　FRP 管混凝土梁（Kings Storm Water 桥）

（3）FRP 空间结构

由轻质高强和耐腐蚀的 FRP 制成的杆件，可应用于网架、拱、壳、折板及穹顶等结构中。美国 Strongwell 公司于 1991 年在亚特兰大 55 层高的 C&S 大厦顶部，建造了一座高达 11.285m 的全 FRP 螺栓状金叶顶，已成为亚特兰大市区的地标性建筑，实际应用为通信塔，如图 1-8 所示。1994 年完成的上海东方明珠塔首层大堂采用了双 FRP 曲面屋盖，跨度 60m，总面积约 5000m^2，从合同签订至安装完成仅用了三个多月，获得了很好的建筑效果和使用效果。日本三岛市民游泳馆采用带有铝合金接头的 CFRP 卷管的空间网架结构，获得了很好的效果。

图 1-8　全 FRP 螺栓状金叶顶通信塔

（4）FRP 公路桥空心板

从 20 世纪 70 年代开始，FRP 材料就开始在桥梁工程中尝试应用。FRP 桥面板除可用于新建桥梁，还可以用在修复加固旧桥中。相比传统钢筋混凝土桥面板，FRP 桥面板具有安装速度快，同时自重轻，适应荷载等级高等优点，因此近年来在桥梁结构领域得到了最快速的发展。目前 FRP 组合桥面板可分为两大类——夹层组合桥面板和拉挤型材胶结组合桥面板。

目前大多数的桥面板都是 FRP 拉挤型材胶结组合结构，因为拉挤工艺技术已经很成熟，可以经济地、大批量地制造这种连续构件，同时在生产车间就可以很好地完成构件胶结组合。通过改变型材中的组分（如纤维或纤维的铺设方式等），或者仅改变截面形式即可满足结构的设计要求。目前已有多种不同截面形式的 FRP 拉挤型材桥面板，并用于工程实践。图 1-9 为 2001 年建于美国 Virginia 的 Dickey Greek 桥，该桥采用了 FRP 双腹梁桥面板。

图 1–9　FRP 双腹梁桥面板系统的 Dickey Greek 桥

FRP 夹层组合结构率先应用于航空、船舶、汽车制造业中，由两层高强度复合材料薄板与轻质的芯层组成。因为可以容易地变换其中芯材和面板，因此夹层结构适应性好，可以根据载荷环境进行灵活设计、制造。

1.3.2　FRP 结构的连接形式

在 FRP 结构系统中，连接体系必不可少。欧洲复合材料设计规范和指南中将复合材料结构的连接体系归纳为三个层次：对建筑物的功能性和安全性起着至关重要作用的主要连接；其破坏不会引起结构整体性破坏的次要连接；非结构性连接，如装饰板的连接等。

在 FRP 早期的工程实践中，FRP 连接形式同钢结构螺栓连接相似。实际上，无论在性能上还是在设计方法上钢结构和 FRP 结构连接都存在很大的不同。目前，FRP 的连接方法包括机械连接、胶结连接、联锁式连接，以及上述连接方式的组合式连接等。

（1）机械连接

机械连接在 FRP 中的应用是其在金属构件中连接的沿用。早期的设计方法是完全照搬金属材料的连接设计方法。后来的研究结果表明，虽然通过机械紧固 FRP 节点的破坏模式和金属构件相同，但是两者的损伤发生和发展机理却有本质上的不同：因为 FRP 是无塑性材料，螺栓连接时的钻孔将产生很高的应力集中现象，而钻孔将切割纤维，因此 FRP 构件的强度会大大地降低；而大多数金属材料由于具有一定的塑性，这将减轻应力集中现象，因此钻孔对其破坏应力的影响很小。

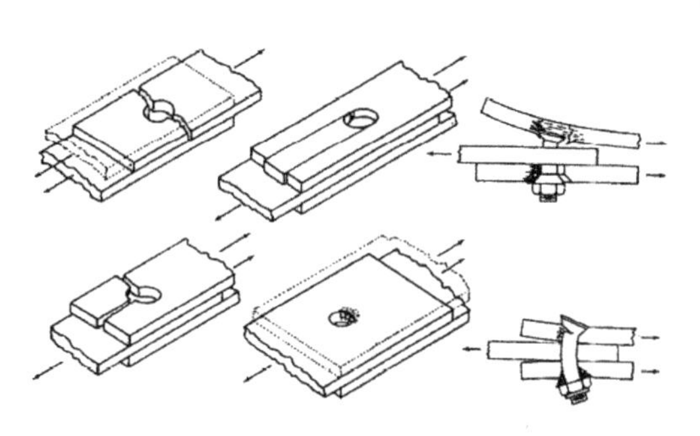

图 1-10　复合材料螺栓连接的破坏模式

除了和金属连接相似的失效模式：剪切破坏、拉坏或压坏外，FRP 的连接还可能发生层合板剥离或者连接件从层合板拔出破坏，如图 1-10 所示。影响 FRP 螺栓连接的主要因素包括纤维的铺设方向、侧向约束条件、铺层的顺序、节点的几何尺寸等。

（2）胶结连接

采用胶结连接的优点是可使用共固化技术：复合材料以未固化形式（预浸的纤维）加热、加压，当复合材料开始固化时，加压挤出多余的基体材料将相邻的组件胶结起来，当固化完成后，各组件连接在一起。这种连接技术对需要现场连接的大型土木构件难以实现。

胶结节点失效方式有三种：①最强接头不是发生在胶结介质或胶结界面处，而是发生在胶结构件内部的张拉破坏，如图1-11所示；②次强的接头取决于胶结介质的剪切强度；③最弱的破坏模式为胶结介质的剥离破坏。通常情况下，温度和湿度对胶粘剂的特性有较大的影响。

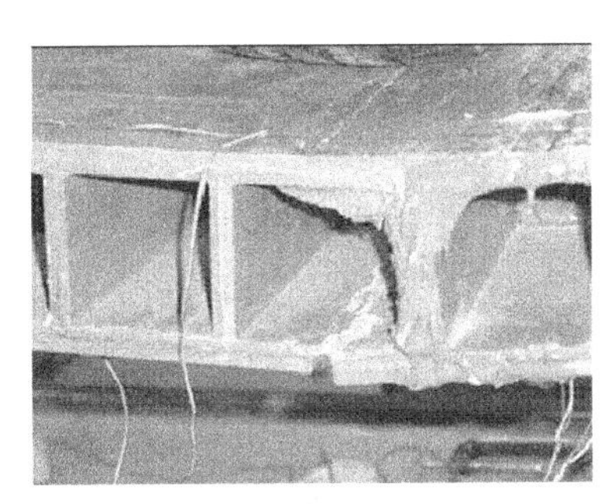

图1-11　粘结构件的破坏

图1-12　框架结构连接

在FRP桥梁系统中，FRP桥面板的连接主要采用胶结连接形式。对建筑结构来说，因为连接构件的厚度以及现场连接质量难以控制等原因，胶结连接通常是配合螺栓连接使用，连接强度由螺栓连接强度控制，胶结则提供附加刚度和安全度。

（3）框架连接

框架连接（梁、柱之间）要能有效地传递薄壁构件（如工字形梁）

之间的弯矩、剪力及拉（压）力，如图 1-12 所示。在 FRP 结构中，梁柱的连接最早是从钢结构体系发展而来，包括螺栓连接或胶结和螺栓连接的联合连接，如图 1-13 所示。但钢结构构件的连接只是强度控制，而对 FRP 结构来说，连接节点的设计更受到变形以及稳定性的控制。

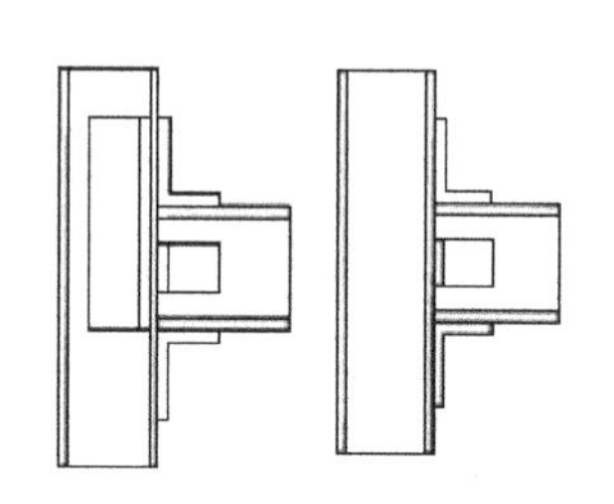

图 1-13　FRP 螺栓标准连接

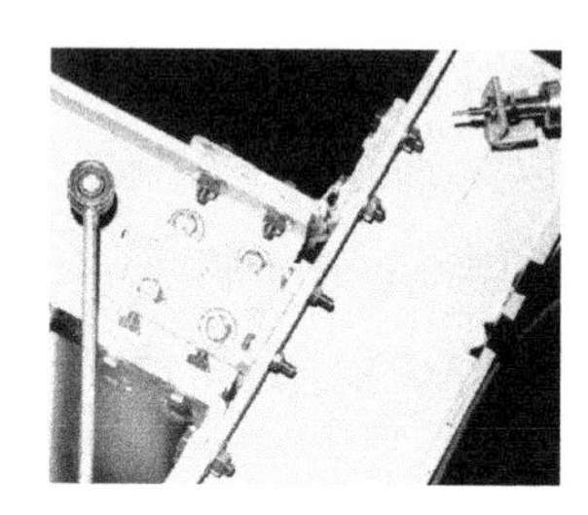

图 1-14　FRP 螺栓连接的典型破坏模式

图 1-14 是工字形梁柱螺栓连接的典型破坏模式：用来连接梁、柱子翼缘的连接件在弯矩作用下形成铰的作用，进而产生破坏。增加连接件的厚度、胶结和螺栓联合连接可以提高连接强度。图 1-15 是 Mosallam 开发设计出的"通用连接件"：通过在角形连接件上添加三角形加固板来增加连接件的刚度。图 1-16 是用来连接 FRP 箱形截面形式梁柱的袖套式连接。试验表明，相比螺栓连接，采用袖套式连接，节点的刚度和强度可分别提高 330% 和 90%。

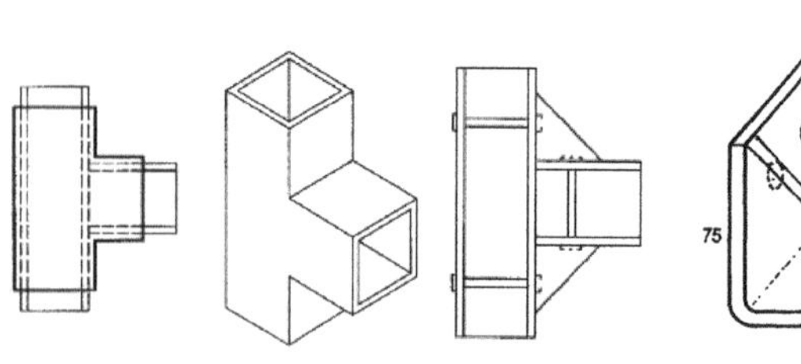

图 1-15　"通用连接件"

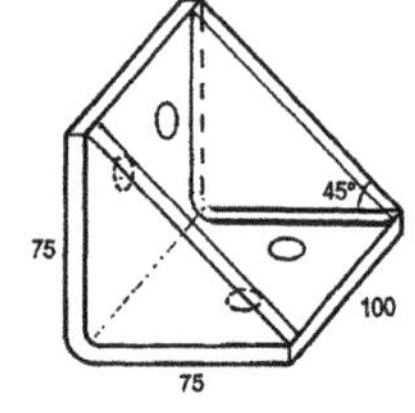

图 1-16　袖套式连接

（4）联锁式连接

联锁式连接因其安装快捷特别适合FRP现场施工。对大型联锁式构件，在不用胶粘剂和机械紧固件条件下，仅以几何形状上的配合和界面摩擦力就可以提供足够的构件整体性，并承担一定的荷载。这种连接方式的缺点是对拉挤型材在构件尺寸上的准确度要求高。

ACCS是一种特殊的联锁式连接系统（图1-17）：采用拉挤型“狗骨式”连接件粘结。如果不采用胶粘剂，则构件可实现可拆卸和重新利用。ACCS连接体系已经用于工程实践，如图1-18所示。图1-19是“卡夹式”连接，这种连接可现场安装但不可拆卸；图1-20是采用“卡夹式”连接的28m高的输电塔。

图1-17　ACCS连接系统

由于材料的特殊性，目前在FRP的连接技术方面还没有得到足够的发展，以至于很难跟上FRP结构体系在土木工程中增长的需求。因此，开发出有效和可靠的承力连接件是一个亟待解决的问题。

图1-18　ACCS连接体系用于办公楼建筑

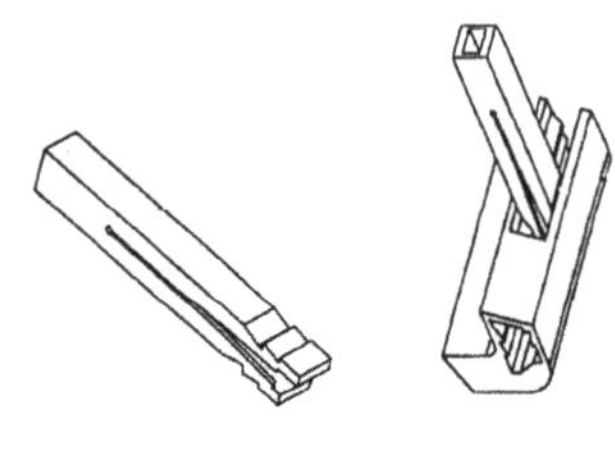

图 1-19 “卡夹式”连接

图 1-20 采用“卡夹式”连接的输电塔

1.3.3 FRP 结构规范

近年来，为了促进 FRP 在土木工程领域的发展，美国、英国、日本、加拿大、瑞士、中国等国家的相关研究机构相继制定了一些 FRP 设计指南、规范和标准，但内容主要针对 FRP 加强、补强、加固和修复混凝土结构设计和施工，相比之下，拉挤型材结构设计规范的制定情况要大大地滞后，至今还没有形成通用的结构设计规范或设计指南。目前只有美国土木工程师协会颁布的《结构塑料设计手册》（ASCE，1984），欧洲标准化委员会制定的《纤维增强塑料复合材料：拉挤型材规程》（CEN，2002）及欧洲复合材料协会制定的《塑料复合材料结构设计》（Eurocomp，1996）。规范和标准的不完善，使得 FRP 结构的应用发展受到限制（至今仍然是示范工程的性质）。

1.3.4 桩锚支护体系研究现状

我国桩锚支护形式的应用最早始于 20 世纪 90 年代。桩锚支护体系是由排桩组成的围护体系和预应力锚杆组成的锚固体系构成。排桩围护系统是指起挡土和挡水作用的支护结构体，排桩的类型包括人工挖孔灌注桩、钻（冲）孔灌注桩、预制桩。锚固体系是指利用地层的锚固力为排桩体系提供水平约束力，改善支护桩受力性状的结构体。锚固体系由锚头、锚筋和锚固体组成。锚筋通过腰梁和锚头与支护桩连接，另一端则锚固在稳定的土体中。

目前桩锚支护结构已广泛地应用在铁路、公路及高层建筑建设中遇到的高填、深基坑开挖及滑坡治理等工程中，成为最常使用的基坑支护形式之一。

（1）桩锚支护结构设计方法

桩锚支护结构的计算方法较多，如静力平衡法、等值梁法、弹性地基梁法、有限元法等。其中静力平衡法计算假定简单，但难以满足表达支护结构体系各参数变化的要求。等值梁法基于极限平衡状态理论，假定支护结构前后受主、被动土压力作用，不能反映支护结构的变形情况，即无法预先估计开挖对周围建筑物的影响。弹性地基梁法不能考虑桩、锚杆和土体的协同工作及预应力锚杆所加预应力对支护结构位移的贡献，也不能计算支护结构在土压力作用下的位移。有限元分析虽然被认为是最有前景的计算方法，但存在结构、岩土、结构与岩土接触、锚杆与岩土等本构关系选取等问题，分析相当复杂。

目前虽然对基坑支护结构计算方法的研究比较深入，但对作为排桩支护体系中连接排桩和锚杆的构件——腰梁的内力特性和计算方法的研究却并不多见，设计时通常将支点水平荷载沿腰梁长度方向分段简化为均布荷载，然后按连续梁或简支梁计算。

（2）桩锚支护体系的破坏形式

在深基坑周围土压力、地下水压力及深基坑周围建筑物等附加荷载作用下，排桩体有向深基坑内侧倾倒的趋势并产生相对侧向位移，深基坑底面排桩嵌固深度范围内的土体由于受到桩体侧向位移的影响而产生被动土压力来抵抗桩体承受的部分主动土压力，另外作用在深基坑上部桩体上的锚杆由于预应力作用，也会为阻止桩体位移而抵抗部分主动土压力，因此支护桩体所受的主动土压力由被动土压力和锚杆锚固力共同承担。当主动土压力小于等于被动土压力和锚杆极限锚固力时围护桩体无侧向位移，即支护体系有效；当主动土压力大于被动土压力和锚杆极限锚固力时围护桩体产生侧向位移，当位移超出允许位移时支护体系失效。另外，桩体本身要具有足够的强度和刚度，以免在最大剪力处出现剪切破坏，在最大弯矩处挠度过大。

具体地，桩锚支护体系可能的破坏形式可归纳为以下三种：

①踢脚破坏。由于设计或是施工中土体超挖深度过大，桩的嵌固深度不足，造成桩底端踢出，桩体绕锚点转动。

②桩身断裂破坏。因桩身质量缺陷，或因桩身配筋不足、混凝土强度不足等原因，导致桩体变形过大、折断。

③倾覆破坏。当作用于桩上的拉力大于锚杆承载能力，锚杆被拉断或从土中拔出；或锚杆虽有足够的承载力，但桩和锚杆的连接系统出现问题，未进行腰梁等附属部件的强度和刚度核算，基坑开挖后，腰梁变形过大，锚杆无法正常发挥作用，桩因失去支撑而发生倾覆。

（3）影响锚杆承载力发挥的因素

桩锚支护体系中锚杆是一个重要的组成部分，锚杆利用一定的预应力主动制约土体变形和结构破坏，锚杆预应力的大小对锚杆发挥主动制约作用与支护体系稳定至关重要。影响锚杆承载力发挥的因素很多，如岩土体的性质、成锚过程中的质量控制、锚杆施工及使用过程中的预应力损失等。大量实践和研究证明，锚索预应力存在时间效应问题。预应力锚索的应力损失主要包括以下两部分：一是锚索锁定时产生的损失；二是在长期荷载作用下，由于锚索松弛、岩体蠕变等情况造成的预应力损失。目前研究主要集中在锚索体系、张拉设备、锚固段岩土体及灌浆体的变形以及张拉工艺、外界环境条件、施工水平等对预应力变化的影响，对腰梁，尤其是不同材料腰梁对预应力变化影响的研究还不多见。

第 2 章 FRP 结构材料性能的理论分析及试验研究

纤维增强复合材料（FRP）是一种具有许多优良性能的新型结构材料，在部分领域利用 FRP 替代传统结构材料，是土木工程行业未来的发展趋势。复合材料结构设计与一般结构有显著的区别，即材料设计和结构设计必须同时进行。其设计程序可归纳为三个主要内容：材料性能或功能设计、结构（强度、刚度）设计、工艺设计。虽然 FRP 已经诞生半个多世纪并广泛应用于各个领域，但是至今在结构设计领域，在材料性能和设计参数确定上还没有形成统一的材料标准。

FRP 材料的力学性能和传统结构材料有很大的差异，并具有可设计性，即可通过选择合适的材料组分和生产工艺，使复合材料满足结构设计要求。本章主要介绍了目前工程中常用 FRP 结构的材料组成、制备工艺；通过分析，提出采用拉挤型 GFRP 构件作为腰梁的构建方案；对拉挤成型 GFRP 构件的材料特性进行了理论和试验研究。

2.1 FRP 结构的材料组成及成型工艺

结构性纤维增强复合材料 FRP，是由高性能的纤维增强体，如玻璃纤维、碳纤维、芳纶纤维等经过编织与基体材料（如环氧树脂等）胶合、凝固或经过高温固化而形成的一种复合材料。FRP 的基本构成材料是增强纤维和树脂。纤维是由纤维丝缠绕或纺织而形成的，对于结构复合材料，纤维是主要的承载体；树脂则是粘结介质，主要作用是传递分布纤维间的应力，保证其形成整体且均匀受力。

复合材料的性能取决于组分材料的种类、性能、含量和分布，主要包括：增强体的性能、含量及分布情况，基体的性能和体积含量以及界面情况。复合材料的性能还与复合材料的成型工艺、结构设计和使用环境条件有关。因此，无论哪一类型的复合材料，即使是同一类复合材料，其性能也不会是一个定值。

2.1.1　FRP 构件的材料组成

1. 增强纤维

（1）玻璃纤维

玻璃纤维的化学组成主要是氧化硅（约占 50% ~ 60%）、三氧化二硼、氧化钙、三氧化二铝等氧化物。玻璃纤维是一类重要的高强度增强体，它也是复合材料中使用量最大的一种增强材料。世界上第一件复合材料产品就是采用玻璃纤维增强不饱和聚酯树脂制成的军用飞机雷达罩。玻璃纤维和其他新型无机纤维一样具有高强度，但其结构决定了其弹性模量较低，玻璃纤维的性能可通过改变其化学成分而得到改善。目前在复合材料中采用的玻璃纤维按玻璃原料可分为：有碱玻璃纤维（A- 玻璃）、中碱玻璃纤维（C- 玻璃）、无碱玻璃纤维（E- 玻璃）；按形态和长度可分为连续纤维、定长纤维和短切玻璃纤维；按纤维特性可分为：高强度纤维（S- 玻璃）、低介电纤维（D- 玻璃）、耐腐蚀纤维（ECR- 玻璃）、耐碱纤维（AR- 玻璃）。目前复合材料中应用量最大的是 E- 玻璃纤维。S- 玻璃纤维的某些性能比 E- 玻璃纤维高，但因其成本较高，限制了它的应用范围。近年来还出现一种新的无碱玻璃纤维——Advantex，它结合了传统 E-玻璃的电性能、力学性能和 ECR- 玻璃的耐酸蚀性能，而其成本与 E- 玻璃相同；另外，Advantex 中完全不含硼，可将环境污染减少到最低程度。为了应对行业对大批量生产复合材料和提高复合材料性价比的需求，2006 年由美国欧文斯科宁公司推出新一代的高性能增强材料系列 Hiper-texTM，同 Advantex 一样，它也是一种无硼玻璃，其强度和模量比传统 E 玻璃纤维提高了 35%、17%，耐疲劳、抗冲击、耐腐蚀和耐高温性能均有提高。目前，Hiper-tex 产品已应用在风能、压力容器、装甲、航空航天领域。

表 2-1 为常用的玻璃纤维性能参数。

常用的玻璃纤维性能参数　　表 2-1

材料类型	符号	密度（g/cm^3）	拉伸模量（GPa）	拉伸强度（MPa）	延伸率（%）
无碱玻璃纤维	E	2.57	72.5	3400	2.5
有碱玻璃纤维	A	2.46	73.0	2760	2.5
中碱玻璃纤维	C	2.46	74.0	2350	2.5
高强玻璃纤维	S 或 R	2.47	88.0	4600	3.0

玻璃纤维制品具有许多品种，如玻璃纤维纱、玻璃纤维布、玻璃纤维连续原丝毡、短切原丝毡、玻璃纤维粗纱等，作为 FRP 增强体其特性各有不同。

①单向纤维增强材料，如玻璃纤维纱。玻璃纤维纱可分为有捻粗纱和无捻粗纱，其中无捻粗纱是由平行原丝或平行单丝集束制成的，其特点是纤维含量高，单向强度大，可直接用在复合材料拉挤生产工艺中。

②正交双向纤维增强材料，例如正交编制的玻璃纤维布，其强

度主要在织物的经纬方向上。

③各向同性增强材料，如各种短切原丝毡、连续原丝毡等，其纤维方向随机，因此力学特性可认为是各向同性的。

图 2-1 为常见的玻璃纤维制品。

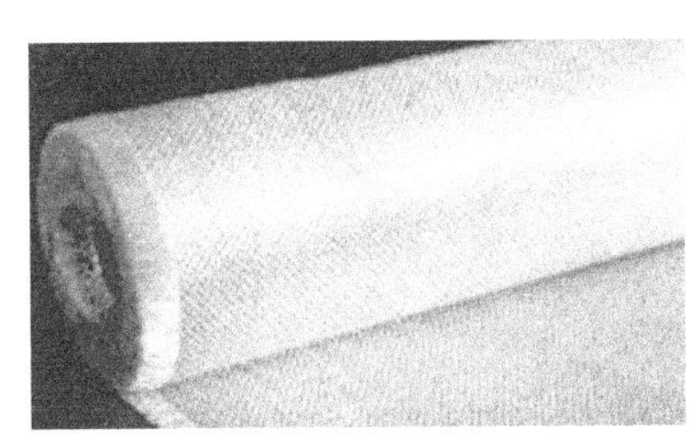

（a）玻璃纤维布

（b）玻璃纤维短切纤维

（c）玻璃纤维套管

（d）玻璃纤维短切毡

（e）玻璃纤维带

（f）玻璃纤维无捻粗纱

图 2-1　常见的玻璃纤维制品

（2）碳纤维

碳纤维（CF）是含碳量在 95% 以上，经过氧化和热解高拉伸的有机织物纤维，为满足不同复合材料的性能要求，通过控制工艺条件进而控制微观结构，可以获得不同力学性能的纤维。

按碳纤维性能分类，碳纤维分为通用级碳纤维 CF（GP）（拉伸强度 < 1.4GPa，拉伸模量 < 140GPa）；高性能碳纤维 CF（HP），高性能碳纤维 CF 又包括高强度 CF（HS）、高模量碳纤维 CF（HM）、超高强碳纤维 CF（UHS）、超高模碳纤维 CF（UHM）、高强—高模碳纤维 CF 和中强—中模碳纤维 CF 等。按碳纤维的功能分类，碳纤维又可分为受力结构用碳纤维、耐焰用碳纤维、导电用碳纤维、润滑用碳纤维、耐磨用碳纤维、活性碳纤维等。

碳纤维除了具有一般碳素材料的特性，如耐高温、耐摩擦、导电、导热及耐腐蚀等，其质地柔软，可加工成各种织物，又由于密度小，沿纤维轴向表现出很高的强度，碳纤维增强环氧树脂复合材料，其比强度、比模量综合指标在现有结构材料中是最高的。

生产碳纤维采用相对价格较高的先驱体纤维，因此，和玻璃纤维相比，碳纤维是一个价格贵得多的材料。目前碳纤维主要应用于航空航天、军事及飞机和汽车制造领域以及体育休闲产品中。近年来，碳纤维加固建筑结构也开始呈现不断增长的趋势。表 2-2 为常用的碳纤维性能参数。

常用的碳纤维性能参数 **表 2-2**

材料类型	符号	密度（g/cm^3）	拉伸模量（GPa）	拉伸强度（MPa）	延伸率（%）
通用碳纤维	GP	1.7	250	3700	1.2
高强度碳纤维	HS	1.8	250	4800	1.4
高模量碳纤维	HM	1.9	500	3000	0.5
超高模量碳纤维	UHM	2.1	800	2400	0.2

（3）芳纶纤维

芳纶纤维（AF）也是一种高性能的有机纤维。最早独立制造出高模量芳纶的是 Monsanto 和 DuPont 公司。DuPont 在 1971 年将其商业化，商标为 Kevlar49。芳纶纤维的性能介于碳纤维和玻璃纤维之间，芳纶纤维树脂基复合材料具有优异的韧性和抗冲击损伤能力，但缺点是易发生光降解，力学性能下降。目前，芳纶纤维主要用于军事（如防弹产品）以及体育用品中。

（4）玄武岩纤维

玄武岩纤维（BF）是以天然的火山喷出岩作为原料，将其破碎后加入熔窑中，在 1450 ~ 1500℃熔融后，通过铂铑合金拉丝漏板制成的连续纤维。它与碳纤维、芳纶等高性能纤维相比，具有很多独特的优点，如力学性能佳（3800 ~ 4800MPa）、高温性能好（可在 −269 ~ 700℃围内连续工作）、耐酸耐碱、抗紫外线性能强，以及良好的介电性能、透波性能等，被称为 21 世纪无污染的“绿色工业材料”。目前以玄武岩纤维为增强体制成的复合材料在航空航天、火箭、导弹、战斗机、核潜艇等国防军工领域有广泛的应用。

2. 树脂基体

基体是复合材料中不可缺少且十分重要的组分，复合材料的许多性能，如横向拉伸性能、压缩性能、剪切性能、耐湿性能和介电性能等均与基体有着密切关系。另外，基体材料还决定复合材料的成型工艺及价格。基体和纤维增强材料相互依赖和相互依存，基体的功能就是把各种纤维增强材料有机地粘合在一起，保护增强材料，使增强材料在外加载荷作用下均匀受力。

树脂基体的分类方法很多，按树脂的化学和物理特性分为热固性树脂（不可二次成型）和热塑性树脂（可反复成型）。本节主要介绍复合材料最常用的聚合热固性树脂基体。

（1）不饱和聚酯树脂

不饱和聚酯树脂是热固性树脂中最常用的一种，一般是由不饱和二元酸二元醇或饱和二元酸不饱和二元醇缩聚而成的具有酯键和不饱和双键的高分子化合物。不饱和聚酯树脂最突出的优点是工艺性能好，即加工成型简单、方便、效率高、工艺灵活，不但可以常温常压、高温高压成型，也可以低温低压成型，固化后的树脂综合性能优良。用玻璃纤维增强后的制品具有重量低、强度高、耐化学腐蚀、电绝缘、透光等许多优良性能，另外不饱和聚酯树脂价格低廉。不饱和聚酯树脂欠缺之处是固化时体积收缩率比较大，耐热性能比较差，成型时气味和毒性较大。

（2）环氧树脂

环氧树脂（Epoxy Resin）是指分子结构中含有两个或两个以上的环氧基并在适当的化学试剂下能形成三维网状固化物的聚合物总称。环氧树脂中含有独特的环氧基，以及羟基、醚键等活性基团和极性基团，因而具有许多优异的性能：很强的内聚力，分子结构致密，因此其力学性能高于不饱和聚酯树脂等通用的热固性树脂；它的粘结性能特别强，可用作结构胶；其线膨胀系数也很小，一般为 6×10^{-5}/℃，所以其产品尺寸稳定，内应力小，不易开裂；环氧树脂还是热固性树脂中介电性能最好的品种之一；另外，其耐碱、酸、盐等多种介质腐蚀的性能优于不饱和聚酯树脂、酚醛树脂等热固性树脂。总之，在热固性树脂中，环氧树脂及其固化物的综合性最好。其缺点是成本高，从而在应用上受到一定的影响，目前主要用于对使用性能要求高的场合，尤其是对综合性能要求高的领域。

（3）酚醛树脂

酚醛树脂为酚类化合物与醛类化合物缩聚而成的树脂，酚醛树脂又称电木，是热固性树脂家族中最古老的成员。酚醛树脂的最大优点是耐高温性，另外原料价格便宜，生产工艺简单，成型加工容易。为了改善酚醛树脂的某些不良性能，目前出现了许多种改性酚醛树脂。用环氧树脂来改性酚醛树脂，可以显著地提高粘结性能，同时也可降低树脂固化时的收缩性，提高固化后产物的韧性和耐碱性。改性酚醛树脂主要应用于层压和模压的玻璃钢制品，如玻璃钢阀门、管道和各种配件，以及玻璃钢层压板等。

（4）乙烯基树脂

乙烯基树脂是由丙烯酸和环氧树脂反应而成的树脂，具有比普通聚酯更好的韧性和较大的抗微裂纹能力。乙烯基树脂是高度耐化学品腐蚀性树脂，在国内外建（构）筑物防腐蚀、设备防腐蚀及玻璃钢工业中得到广泛应用。

在复合材料设计中，对基体材料的要求是：强度高、韧性好；与增强纤维粘结性良好；耐介质、湿热性好；成型温度低、压力小、时间短，预浸料储存期长，工艺性能好。表 2-3 为几种常见树脂基体的性能参数。

常见树脂基体的性能　　**表 2–3**

材料类型	密度（g/cm^3）	拉伸模量（GPa）	拉伸强度（MPa）	延伸率（%）
聚酯	1.2 ~ 1.4	2.1 ~ 4.5	42 ~ 71	5.0
环氧树脂	1.15	3.0	85 ~ 210	5.0
乙烯树脂	1.12	3.5	59 ~ 82	6.0
酚醛树脂	1.3	2.5	42 ~ 64	1.5

2.1.2　FRP 构件的成型工艺

复合材料的成型工艺是指将增强纤维、树脂基体等原材料用适当的方法，经浸渍、赋形、固化等环节，制备出复合材料制品的过程。复合材料成型工艺是保证增强体纤维和基体共同工作，满足产品性能的前提。生产复合材料制品的特点是材料生产和产品成型同时完成，因此在选择成型方法时，必须同时满足材料性能、产品质量和经济效益等多种因素的基本要求，一般遵循以下几点：产品的外形构造和尺寸大小，有的工艺方法对尺寸有要求；材料性能和产品质量要求，如材料的物化性能、产品的强度及表面粗糙度（光洁度）要求等；生产批量大小及供应时间；企业有可能提供的设备条件及资金；综合经济效益，保证企业效益。

1. 手糊成型工艺

手糊成型工艺是20世纪40年代最初FEP产品的生产工艺。手糊成型是用手工或在机械辅助下，将增强材料和热固性树脂胶液在模具上铺敷成型，室温（或加热）、无压（或低压）条件下固化，脱模成制品的工艺方法。手糊成型工艺的优点是设备、工艺简单，投资少，生产准备时间短，操作简单，不受产品尺寸和性状的限制，适应尺寸大、批量小、性状复杂的产品。缺点是生产效率低，劳动强度大；产品质量不易控制，性能稳定性不高，受人为因素的影响大；产品力学性能相对较低。

2. 模压成型工艺

模压成型工艺是将一定量的模压料放入金属对模中，在一定温度、压力作用下，固化成型制品的方法。模压成型的优点是有较高的生产效率，适于大批量生产，表面光洁，无须二次修饰，因为批量生产，价格相对低廉，容易实现机械化和自动化，多数结构复杂的制品可一次成型，无须有损于制品性能的辅助加工，制品外观及尺寸的重复性好。其缺点是模具的设计与制造较复杂，初次投资较高，制品尺寸受设备限制，一般只适于制备中、小型玻璃钢制品。

3. 喷射成型工艺

喷射成型工艺是为改进手糊成型工艺而开发的一种半机械化成型工艺，它是手糊工艺的变形，即利用喷枪将玻璃纤维及树脂同时喷到模具上而得到复合材料制品的工艺方法。喷射成型技术在复合材料成型工艺中所占比例较大，如美国占 9.1%，西欧占 11.3%，日本占 21%。我国从 20 世纪 60 年代开始研究喷射成型技术，但因原材料质量和环境污染问题，未能推广。

喷射成型效率达 15kg/min，故适于大型船体制造。目前已广泛用于加工浴盆、机器外罩、整体卫生间、汽车车身构件及大型浮雕制品等。

4. 缠绕成型工艺

缠绕成型工艺是将浸过树脂胶液的连续纤维或布带，按照一定规律缠绕到芯模上，然后固化脱模，成为复合材料制品的工艺过程。缠绕成型工艺特点是成品玻璃纤维用量高（可达 80%），比强度高，可实现机械化、自动化操作，但制品几何形状有局限性（如圆柱、球等正曲率回转体）。

5. 树脂传递模塑成型工艺

树脂传递模塑成型简称 RTM（Resin Transfer Molding），起始于 20 世纪 50 年代，是手糊成型工艺改进的一种闭模成型技术，可以生产出两面光的制品。其工艺原理是将增强材料预先铺设在闭模的模腔内，用压力从预设的注入口将树脂胶液注入，模腔锁紧模具，对模腔内浸透增强材料固化，脱模得到制品。

6. 拉挤成型工艺

拉挤成型工艺是将浸渍树脂胶液的连续纤维束、带或布等，在牵引力作用下，通过挤压模具成型、固化，连续不断地生产出任意截面形式 FRP 制品的工艺过程，如图 2-2 所示。拉挤成型工艺于

1951 年首先在美国开发并取得专利，20 世纪 70 年代起开始步入结构材料领域，目前已成为复合材料工业十分重要的一种成型技术。

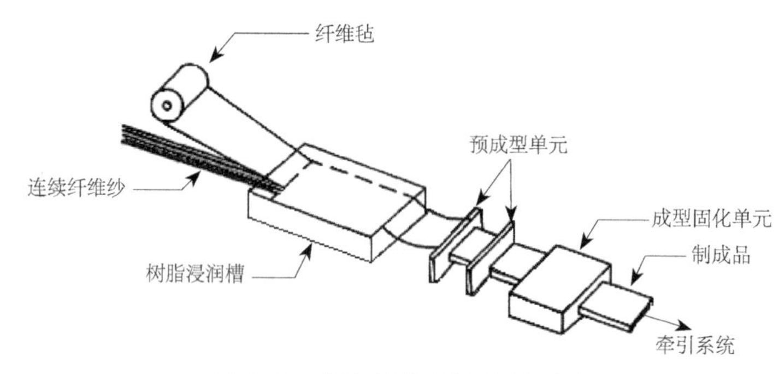

图 2-2 拉挤成型工艺流程示意图

拉挤工艺用的增强材料主要是玻璃纤维及其制品，如无捻粗纱、连续纤维毡等。为了满足制品特殊性能要求，可以选用芳纶纤维、碳纤维等。拉挤成型玻璃钢主要采用不饱和聚酯树脂，目前约占拉挤成型工艺树脂用量的 90% 以上，另外还有环氧树脂、乙烯基树脂、改性酚醛树脂等。

FRP 产品是直线形的，而且虽然在截面的形式、尺寸及各部分厚度的变化上有较大的灵活性，但其在长度方向上必须是等截面。目前这种工艺主要用于制作各种 FRP 标准型材，如工字形、箱形、槽形构件等，如图 2-3 所示。FRP 产品在生产车间生产，然后运送到施工现场安装，在保证运输和安装的条件下，拉挤产品的长度不受限制。

拉挤成型构件强度高，目前拉挤成型产品中的纤维含量最高可达到 80% 以上；通过工艺设计，还可以调整构件的纵、横向强度，满足工程上的需要。拉挤成型工艺的缺点是产品的纤维方向主要是纵向，因此构件的横向强度、剪切强度较低。

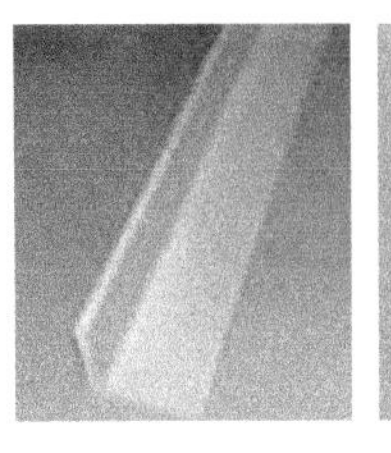

图 2-3　拉挤型标准型材

在结构工程领域，拉挤成型和手糊成型是目前最广泛使用的 FRP 生产工艺，其中手糊成型工艺主要是用于结构加固且其产品力学性能相对较低，而其他生产工艺除有特殊需求外均较少被采用，因此拉挤成型工艺被认为是目前生产高质量 FRP 结构构件最有价格竞争力的生产工艺。结合目前我国 FRP 构件实际生产能力，本书采用拉挤成型 GFRP 构件制作复合材料腰梁，既可满足工程上的使用要求，同时也可满足经济合理的要求。

FRP 制备过程表明，FRP 材料从细观构造上看是不均匀的，具有类似层状的细观结构。因此，FRP 可视为具有由多层纤维和基体组成的薄层组成的层合板构造。增强纤维排列方向一致所粘合的薄层称单层板，单层板作为基本组件构成层合板，进而再由层合板构成 FRP 构件和结构。很多单层板粘合在一起，各层的纤维排列方向均一致，例如单向连续纤维构成的拉挤构件（图 2-4），可视为均匀的正交各向异性单向板。复合材料还可以通过铺层设计，即根据结构单元的受荷要求，设计各单层材料铺设方向和顺序来满足不同的设计要求，如图 2-5 所示。

图 2-4　拉挤工艺的预成型区

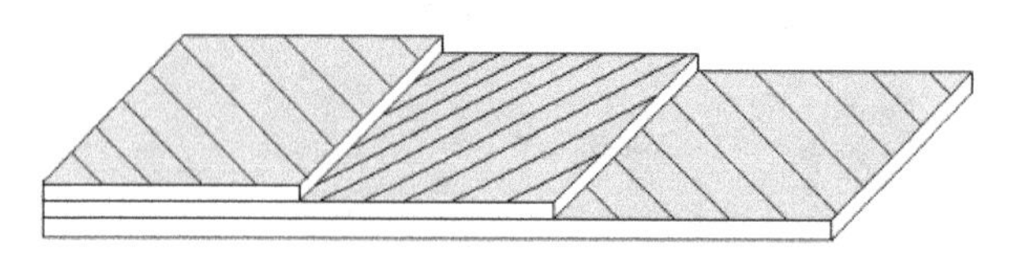

图 2-5　层合板的组成

2.2　FRP 构件材料性能的理论分析

一直以来，复合材料和传统结构材料力学性能的不同在很大程度上制约了复合材料在土木工程领域的发展。复合材料的失效常常是个复杂的过程，复合材料中的损伤积累等很多力学行为都出现在细观结构水平上，因此，复合材料力学的研究可分为细观力学和宏观力学。细观力学是从微观角度研究复合材料组分之间的相互影响，其分析对象是从研究体中取出一个能够代表复合材料细观结构的体积单元。宏观力学只考虑复合材料的平均表观性能而不详细讨论各组分间的相互作用。如对纤维复合材料单层板，通常将其看成是均质各向异性体，通过实测或应用细观力学得出它的宏观性能。由许多个这样的单层板粘合而成层合板，用结构力学方法分析层合板在荷载作用下拉伸、弯曲、振动、屈曲等问题。

单层板是组成层合板结构的基本层单元，而且层合板的弹性特性和强度取决于各单层板的弹性特性和强度，所以，掌握单层板的弹性特性是至关重要的基础。在复合材料结构设计的初步阶段，为了层合板结构设计的需要，必须提供必要的单层板性能参数，特别是刚度和强度参数。为此，通常需要用细观力学方法推得的公式来进行估算。而在最终设计阶段，单层板性能的确定需要用试验方法直接测定。

2.2.1　FRP 的弹性性能

对于复合材料中的每个单层，宏观上属于正交异性材料。取 1、2、3 为其弹性主方向，1 轴方向为平行纤维方向，2 轴、3 轴方向垂直于纤维铺设方向，如图 2-6 所示。在单层板的宏观力学分析中，将单层板简化为二维平面问题，即忽略单层板法线方向的应力分量，表达材料弹性性能的工程弹性常数有四个：纵向弹性模量 E_1、横向弹性模量 E_2、纵向泊松比 v_{12}（或横向泊松比 v_{21}）、面内剪切弹性模量 G_{12}。

弹性性能计算理论

（1）单层板的细观力学模型

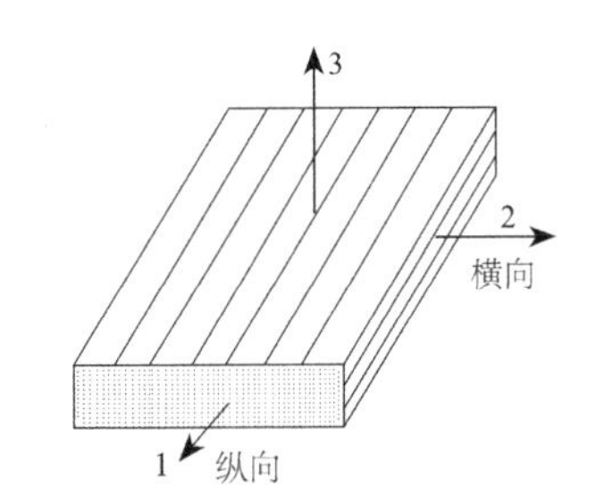

图 2-6　单层板的正交坐标系统图

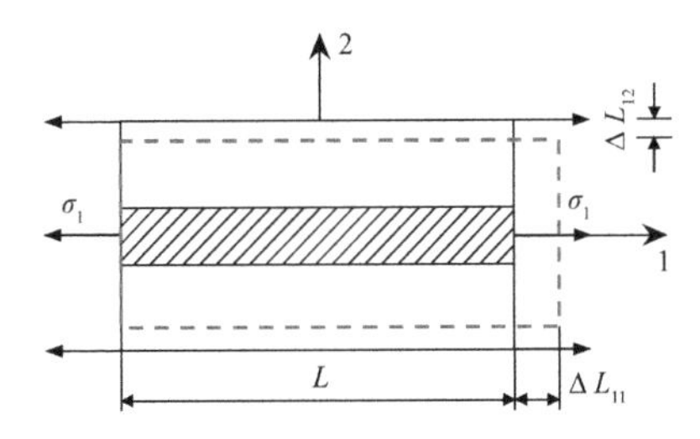

图 2-7　单向复合材料的简化并联模型

将单向复合材料简化为并联模型（图 2-7）。假定结构的两组元完全粘结在一起并具有相同的变形。树脂和增强纤维的弹性模量分

别为 E_m 和 E_f，纤维和树脂的横截面面积分别为 A_f 和 A_m。通常用两组元的体积分数 V_f 和 V_m 来表示各自的含量，则 $V_f+V_m=1$。

由图 2-7 可知，在荷载作用下，两组分的应变相同，并都等于复合材料的应变，即 $\varepsilon_1=\varepsilon_f=\varepsilon_m$，作用于复合材料上的荷载由复合材料中的两组元共同承担，即 $\sigma_1 A=\sigma_f A_f+\sigma_m A_m$。由等应变条件，可得到：

$$\frac{\sigma_1 A}{\varepsilon_1}=\frac{\sigma_f A_f}{\varepsilon_f}+\frac{\sigma_m A_m}{\varepsilon_m}$$

或

$$E_1=E_f V_f+E_m(1-V_f) \tag{2-1}$$

式（2-1）即为单向板纵向纤维方向弹性模量 E_1 的计算公式，又称为纤维复合材料“混合定律”，即单层性能与体积含量为线性关系法则。

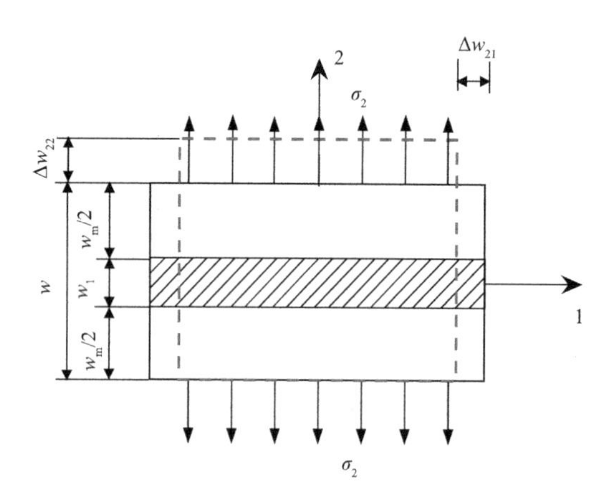

图 2-8 单向复合材料的简化串联模型

采用类似的方法可得到横向模量 E_2。假定复合材料各组分之间粘结良好，泊松比相近，树脂基体没有黏弹性效应，图 2-8 是将复合材料简化成串联模型。此模型为“等应力”模型，即 $\sigma_1=\sigma_f=\sigma_m$，所以纤维、基体和复合材料的应变分别为：$\varepsilon_f=\sigma_2/E_f$，$\varepsilon_m=\sigma_2/E_m$，$\varepsilon_2=\sigma_2/E_2$，由于变形是在宽度上产生的，所以复合材料总的拉伸变形 Δw_{22} 为两组元变形之和，即 $\varepsilon_2 w = \varepsilon_f w_f + \varepsilon_m w_m$，所以可得：

$$\frac{\varepsilon_2}{\sigma_2}=\frac{\varepsilon_f V_f}{\sigma_f}+\frac{\varepsilon_m V_m}{\sigma_m}$$

或

$$\frac{1}{E_2}=\frac{V_f}{E_f}+\frac{V_m}{E_m} \tag{2-2}$$

该公式也被称为“倒数混合定律”，获得横向模量 E_2，可用式（2-3）表示：

$$E_2=\frac{E_f E_m}{E_m V_f+E_f(1-V_f)} \tag{2-3}$$

对多数纤维增强复合材料，$E_f >> E_m$，因此式（2-1）、式（2-3）有效近似：

$$E_1 = E_f V_f \tag{2-4}$$

$$E_2=\frac{E_m}{(1-V_f)} \tag{2-5}$$

上式表明，纤维方向的刚度主要取决于纤维模量，而横向刚度则主要取决于树脂模量。

单向复合材料板具有两个面内泊松比，分别为 v_{12} 和 v_{21}。v_{12} 为主泊松比，v_{21} 为次泊松比。和确定 E_1 相似，v_{12} 也符合“混合定律”。

如图 2-7 所示，只有在轴向外加应力 σ_1 时，$v_{12} = -\varepsilon_2/\varepsilon_1$，横向变形的增量从宏观角度看，$\Delta L_{12}=\Delta L_f+\Delta L_m$，从微观角度则 $\varepsilon_2 w = -v_f\varepsilon_{1f}(V_f w)-v_m\varepsilon_{1m}(V_m w)$，并联情况下纵向应变相等，$\varepsilon_1=\varepsilon_{1f}=\varepsilon_{1m}$，则可得到：

$$\nu_{12}=\nu_f V_f+\nu_m V_m \tag{2-6}$$

在主轴 1 方向的正应力 σ_1 作用下，有 $\nu_{12}=-\varepsilon_2/\varepsilon_1$，$\varepsilon_1=\sigma/E_1=\Delta L_{11}/L$，$\varepsilon_2=-\varepsilon_1\nu_{12}=(-\nu_{12}/E_1)\sigma_1=-\Delta L_{12}/L$；在主轴 2 方向上正应力 σ_2 作用下，有 $\nu_{21}=-\varepsilon_1/\varepsilon_2$，$\varepsilon_2=\sigma_2/E_2=\Delta w_{22}/L$，$\varepsilon_1=-\varepsilon_2\nu_{21}=(-\nu_{21}/E_2)\sigma_2=-\Delta w_{21}/L$，由互等关系，$\Delta L_{12}=\Delta w_{21}$，可得出：

$$\frac{\nu_{12}}{E_1}=\frac{\nu_{21}}{E_2} \tag{2-7}$$

当复合材料受到面内剪切力（x_1、x_2）时，将扭转成平行四边形，见图 2-9。假定纤维和基体承受相同的力，即$\tau_{12}=G_{12}\gamma_{12}=G_m\gamma_m=G_f\gamma_f$，可得面内剪切模量 G_{12}：

$$\frac{1}{G_{12}}=\frac{V_f}{G_f}+\frac{1-V_f}{G_m} \tag{2-8}$$

所以可得出，除非纤维的体积分数很高，否则，复合材料的剪切模量主要取决于树脂基体的剪切模量：

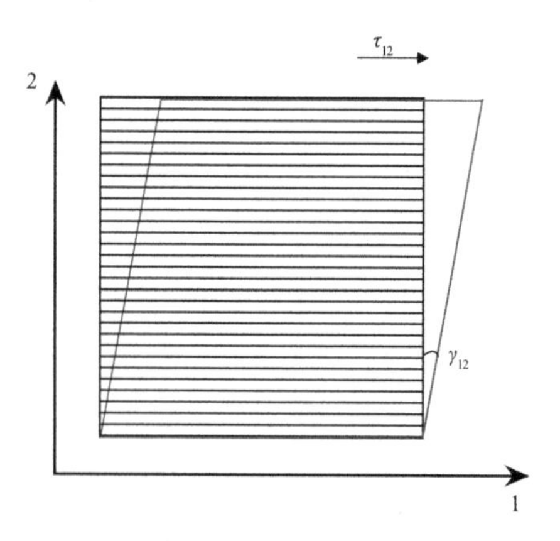

图 2-9　相对于 1-2 平面内的剪切定义

（2）FRP 单向板的应力一应变关系

单向纤维增强复合材料是一种正交各向异性的弹性材料，且其沿纤维方向的弹性模量远大于沿横向的弹性模量。FRP 单向板，当不考虑纤维与基体性质不均匀性，粘结层很薄可以忽略，可把它看作“连续匀质”的各向异性材料，其三个弹性对称面分别为与单层平行的面及与它垂直的纵向、横向的两个切面。三个弹性平面相交的三个轴称为弹性主轴，也称为正轴，沿这三个轴共有三个杨氏模量 E_1、E_2、E_3，三个剪切模量 G_{12}、G_{13}、G_{23}，六个泊松比 v_{12}、v_{13}、v_{21}、v_{31}、v_{32}、v_{23}，如图 2-10 所示。

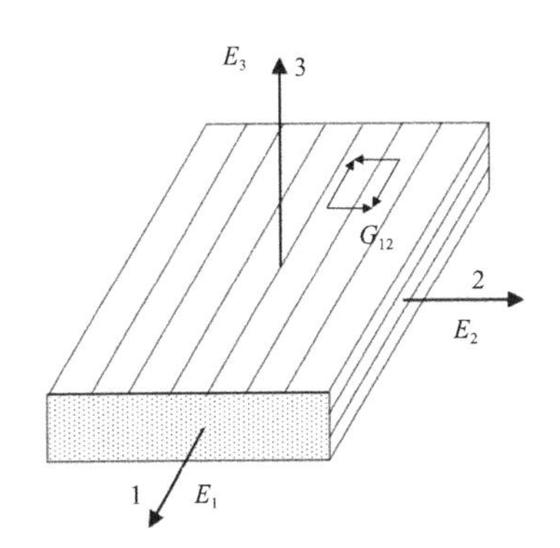

图 2-10　单向板正交各向异性弹性常数定义

对图 2-10 所示薄层板，可以认为 E_2 和 E_3 差别不大，G_{12} 和 G_{13} 相近，G_{23} 可能不同。同样地，v_{12} 和 v_{13} 相近，对于剪切模量 $G_{12}= G_{21}$，而 $v_{12} \neq v_{21}$。由此可见，复合材料单向板的应力 - 应变关系要比各向同性材料复杂得多。

在各向异性弹性体内取一正六面体单元，坐标系如图 2-11 所示，作用在单元体表面上的应力分量可以用统一的张量符号 σ_{ij}（i,j=1,2,3）表示，应力的正负号与下标的关系规定参见图 2-11（图中所示应

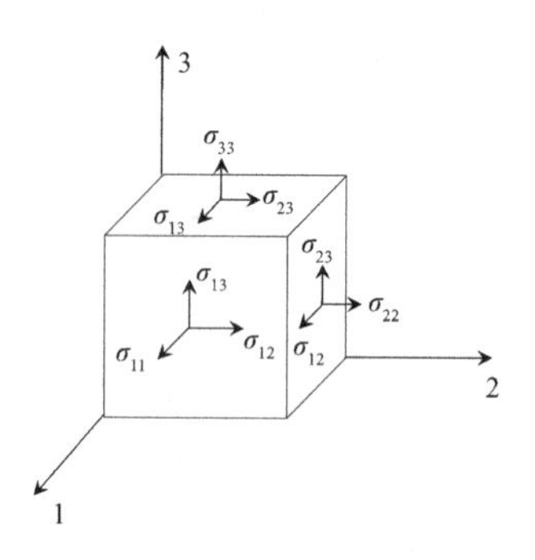

图 2-11　各向异性材料正六面体单元

力均为正）。应变分量统一用张量符号 ε_{ij} 表示。即在一般情况下，各向异性体中的每一应变分量都是全部应力分量的线性函数，即

$$\sigma_{ij} = C_{ijkl}\varepsilon_{kl} \tag{2-9}$$

式（2-9）称为本构方程，亦即广义胡克定律，其中 $[C_{ijkl}]$ 为刚度矩阵。在三维空间中，$[C_{ijkl}]$ 是个四阶张量，含有 81 个元素。对均质各向异性材料，因为弹性对称性，$[C_{ijkl}]$ 的独立分量可减缩为 21 个；而对正交的各向异性材料，$[C_{ijkl}]$ 的独立分量可减缩为 9 个。

根据弹性常数的对称关系，可将式（2-9）展开，写为：

$$\begin{bmatrix} C_{11} & C_{12} & C_{13} & 0 & 0 & 0 \\ & C_{22} & C_{23} & 0 & 0 & 0 \\ & & C_{33} & 0 & 0 & 0 \\ & & & C_{44} & 0 & 0 \\ & sym & & & C_{55} & 0 \\ & & & & & C_{66} \end{bmatrix} \tag{2-10}$$

或缩写为

$$[\sigma_i]=[C_{ij}][\varepsilon_j]\quad (i,\ j=1,\ 2,\ \cdots,\ 6) \tag{2-11}$$

这就是工程中常用的广义胡克定律。若用工程弹性常数来表示材料的弹性系数，则有：

$$S_{11}=\frac{1}{E_1},\ S_{22}=\frac{1}{E_2},\ S_{33}=\frac{1}{E_3}$$

$$S_{12}=-\frac{v_{12}}{E_1}=-\frac{v_{21}}{E_2}$$

$$S_{13}=-\frac{v_{13}}{E_1}=-\frac{v_{31}}{E_3}$$

$$S_{23}=-\frac{v_{23}}{E_2}=-\frac{v_{32}}{E_3}$$

$$S_{44}=\frac{1}{G_{23}},\ S_{55}=\frac{1}{G_{13}},\ S_{66}=\frac{1}{G_{12}} \tag{2-12}$$

（3）FRP 构件弹性参数的理论计算结果

本章研究的第一阶段试验材料来自南京某复合材料有限公司提供的拉挤成型的工字形和槽形两种 GFRP 构件，根据厂家提供的资料，材料主要成分为邻苯聚酯树脂 35%，中碱纤维丝和无碱横面毡 55%。

根据厂家提供的材料组成，从文献资料及表 2-2、表 2-3 中查得其基本参数见表 2-4，则材料密度 ρ_c 可计算为：

$$\rho_c=\frac{1}{\dfrac{w_f}{\rho_f}+\dfrac{w_m}{\rho_m}}=\frac{1}{\dfrac{0.55}{2.57}+\dfrac{0.45}{1.28}}=1.70\ (\mathrm{g/cm^3}) \tag{2-13}$$

GFRP 原材料基本参数　　表 2-4

材料	弹性模量（GPa）	拉伸强度（MPa）	剪切模量（GPa）	泊松比	密度（g/cm³）
玻璃纤维	74	2350	29.5	0.25	2.46
聚酯树脂	4.0	42	1.6	0.3	1.4

纤维的体积含量可计算为：

$$V_f = w_f \frac{\rho_m}{\rho_f} = 0.55 \times \frac{1.40}{2.46} = 31.3\% \tag{2-14}$$

式中，w_f、ρ_f 分别为纤维的重量含量和密度；w_m、ρ_m 分别为基体的重量含量和密度。

按细观力学计算公式计算可得材料的弹性参数，计算结果见表 2-5。

GFRP 材料的弹性参数的理论计算结果　　表 2-5

材料	弹性模量 E_1/E_2（GPa）	泊松比 v_{12}/v_{21}	剪切模量 G_{12}（GPa）
GFRP	25.91/5.68	0.28/0.06	2.27

2.2.2 FRP 的强度

复合材料的强度问题主要涉及的是强度指标和失效判据。纤维增强复合材料的强度不仅依赖于各组元的性能，更与损伤积累和失效的机理有关，其破坏过程十分复杂，与纤维类型及其分布、纤维长径比（l/d）、细观界面粘结和随机缺陷等诸多因素有关。所以，纤维增强复合材料的强度比其弹性性能更难预测。实际的宏观材料强度不是一个常数，因为 FRP 中的随机缺陷和加工残余应力，或影响整个的破坏过程，因此 FRP 的破坏随机性较大。

（1）FRP 的强度指标

FRP 的强度特性具有方向性，对于正交各向异性材料，存在三个材料主方向，不同主方向的强度是不同的，例如，纤维增强复合材料单向板，沿纤维方向的强度通常为沿垂直纤维方向强度的几十倍。

通常情况下，纤维复合材料有 5 个基本强度指标：

①纵向拉伸强度：材料主方向（1 方向）单轴拉伸的最大应力，记为 X_t；

②纵向压缩强度：材料主方向（1 方向）单轴压缩的最大应力，记为 X_c；

③横向拉伸强度：材料主方向（2 方向）单轴拉伸的最大应力，记为 Y_t；

④横向压缩强度：材料主方向（2 方向）单轴压缩的最大应力，记为 Y_c；

⑤纵、横剪切强度：材料平面内剪切时的最大应力，记为 S。

在 FRP 结构设计中，另外两个强度指标也经常用到，并非常重要：

①弯曲强度：在规定的测试方法下，FRP 材料受弯破坏时最大荷载下的应力值，记为 X_b 和 Y_b。

②层间剪切强度：在规定的测试方法下，FRP 层间剪切破坏时最大荷载下的应力值，记为 S_i。

通常情况下，这些强度指标是由材料单向受力试验测得，同时还可获得材料弹性性能指标。

表 2-6 是部分 FRP 的强度性能指标，可以看出，FRP 的强度特性不仅有方向性，且拉、压、剪差别很大，其中剪切强度最低。

代表性 FRP 的强度性能指标 表 2-6

FRP	纵向拉伸强度 X_t（MPa）	横向拉伸强度 Y_t（MPa）	纵向压缩强度 X_c（MPa）	横向压缩强度 Y_c（MPa）	剪切强度 S（MPa）
单向 E 玻璃/环氧	1062	31	610	118	72
单向 R 玻璃/环氧	1900	—	970	—	70
单向芳纶（Kelvar49）/环氧	1400	12	235	53	34
单向碳（T300）/环氧	1490	40.7	1210	197	92.3
1∶1 玻璃纤维织物/环氧	294	294	245	245	68.6
4∶1 玻璃纤维织物/环氧	366	140	304	226	65.7

（2）FRP 强度理论

FRP 材料的基本强度指标是反应材料在实验室测试时理想化单轴应力条件下的破坏行为，而对于各向异性层合板，通常处于复杂应力状态。目前对单层板在复杂应力下的失效准则已有了大量的研究成果。

①最大应力强度准则：当材料主方向上应力达到了相应的基本强度值时，材料将发生破坏，即：

$$\begin{cases} \sigma_1 < X_t \quad \text{（对于拉伸应力），或} \ |\sigma_1| < X_c \text{（对于压缩应力）} \\ \sigma_2 < Y_t \quad \text{（对于拉伸应力），或} \ |\sigma_2| < Y_c \text{（对于压缩应力）} \\ |\tau_{12}| < S \end{cases} \tag{2-15}$$

式中，σ_1、σ_2、τ_{12} 为沿材料主方向的应力分量。式（2-15）中的

三个式子只要有一个不满足，便认为材料失效。

②最大应变准则：材料主方向上应变分量达到了相应的基本强度所对应的应变值时，材料将发生破坏，即：

$$\begin{cases} \varepsilon_1 < \varepsilon_{X_t} \quad (\text{对于拉伸应变})，\text{或} \left|\varepsilon_1\right| < \varepsilon_{X_c} (\text{对于压缩应变}) \\ \varepsilon_2 < \varepsilon_{Y_t} \quad (\text{对于拉伸应变})，\text{或} \left|\varepsilon_2\right| < \varepsilon_{Y_c} (\text{对于压缩应变}) \\ \left|\gamma_{12}\right| < \varepsilon_S \end{cases} \tag{2-16}$$

式中，$\varepsilon_{X_t} = \frac{X_t}{E_1}$（$\varepsilon_{X_c} = \frac{X_c}{E_1}$）、$\varepsilon_{Y_t} = \frac{Y_t}{E_2}$（$\varepsilon_{Y_c} = \frac{Y_t}{E_2}$）分别为沿材料主方向 1 和 2 的最大拉伸（压缩）线应变；$\varepsilon_S = \frac{S}{G_{12}}$为 1-2 平面内最大剪应变。

③ Tsai-Hill 强度准则：在三向应力状态下，Tsai-Hill 根据各向同性的 Mises 屈服准则推广到正交各向异性材料中，提出一个屈服准则

$$\frac{\sigma_1^2}{X^2} - \frac{\sigma_1 \sigma_2}{X^2} + \frac{\sigma_2^2}{Y^2} + \frac{\sigma_{12}^2}{S^2} = 1 \tag{2-17}$$

式中，X、Y 为两个方向上的强度，不区分拉压；S 为面内剪切强度。

Tsai-Hill 强度准则只有一个表达式，若表达式左端大于或等于 1 时，材料将失效。

④ Hoffman 强度准则：Tsai-Hill 准则原则上只适用于材料主方向上拉压强度相同的单向板，对于拉压性能不同的复合材料，Hoffman 对 Tsai-Hill 准则进行了修正，提出了 Hoffman 强度准则，即：

$$\frac{\sigma_1^2-\sigma_1\sigma_2}{X_t X_c}+\frac{\sigma_2^2}{Y_t Y_c}+\frac{X_c-X_t}{X_t X_c}\sigma_1+\frac{Y_c-Y_t}{Y_t Y_c}\sigma_2+\frac{\sigma_{12}^2}{S^2}=1 \tag{2-18}$$

当 $X_t=X_c$，$Y_t=Y_c$ 时，上式化为 Tsai-Hill 强度准则。

⑤ Tsai-Wu 张量强度准则：在综合了许多强度准则的基础上，Tsai 和 Wu 提出了张量形式的强度理论。假定在应力空间中破坏表面存在下列形式

$$F_i\sigma_i+F_{ij}\sigma_i\sigma_j+F_{ijk}\sigma_i\sigma_j\sigma_k+\cdots=1\ (i,\ j=1,\ 2,\ 3) \tag{2-19}$$

式中，F_i、F_{ij}、F_{ijk}…为材料的强度参数。在工程设计中，通常仅取前两项，即：

$$F_i\sigma_i+F_{ij}\sigma_i\sigma_j=1 \tag{2-20a}$$

或

$$F_1\sigma_1+F_2\sigma_2+F_{11}\sigma_1^2+F_{22}\sigma_2^2+F_{66}\sigma_6^2+2F_{12}\sigma_1\sigma_2=1 \tag{2-20b}$$

式中，前 5 个强度参数可由沿材料主方向的单轴拉压及纯剪切试验得到。但 F_{12} 的确定无法由单轴试验得到，可用双轴拉伸试验确定。在实际中常取 $F^*_{12}=\dfrac{F_{12}}{\sqrt{F_{12}F_{22}}}=-0.5$ 或 0，对大多数复合材料计算结果，两者差异在 10% 以内。

FRP 强度理论是用来判断材料破坏，但很少被用在拉挤型材的结构设计中（包括最大应力准则、Tsai-Wu 等理论）。另外，因为拉挤型材是正交异性材料，一点上的主应力和最大剪应力相关不大，

只有平行和垂直主轴的应力才是设计中的控制应力。

2.3　GFRP 材料性能试验

目前，关于 FRP 纤维、基体、薄层以及层合板性能测试的试验标准大约有上千种，这其中包括美国材料与试验协会（ATSM）、国际标准组织（ISO）（ATSM 2006，ISO2006）颁布的试验标准。在我国，针对不同的聚合物复合材料试验也有多种国家标准。例如，对于复合材料拉伸试验，有通用的国家标准《纤维增强塑料拉伸性能试验方法》GB/T 1447—2005；有应用于缠绕成型的国家标准《纤维缠绕增强塑料环形试样力学性能试验方法》GB/T 1458—2008；对于定向纤维增强的，用国家标准《珠宝玉石及贵金属产品抽样检验合格判定准则》GB/T 33541—2017 进行测试；对拉挤成型的，有《拉挤玻璃纤维增强塑料杆力学性能试验方法》GB/T 13096—2008 测试标准等。

本次试验材料来自南京某复合材料有限公司提供的拉挤成型的工字形和槽形两种 GFRP 构件（参见 2.2.1），在构件的翼缘和腹板分别截取部分试样，进行材料性能测试，包括拉伸、弯曲、压缩、层间剪切性能试验。试验参考标准为国家标准《纤维增强塑料拉伸性能试验方法》GB/T 1447—2005、《纤维增强塑料弯曲性能试验方法》GB/T 1449—2005 和《纤维增强塑料压缩性能试验方法》GB/T 1448—2005 及《纤维增强塑料短梁法测定层间剪切强度》JC/T 773—2010。

2.3.1　试验方案

（1）GFRP 的拉伸性能试验

参考《纤维增强塑料拉伸性能试验方法》GB/T 1447—2005，确定 GFRP 拉伸试样形式和尺寸，试样各部分示意图如图 2-12 所示，各部分允许取值见表 2-7。

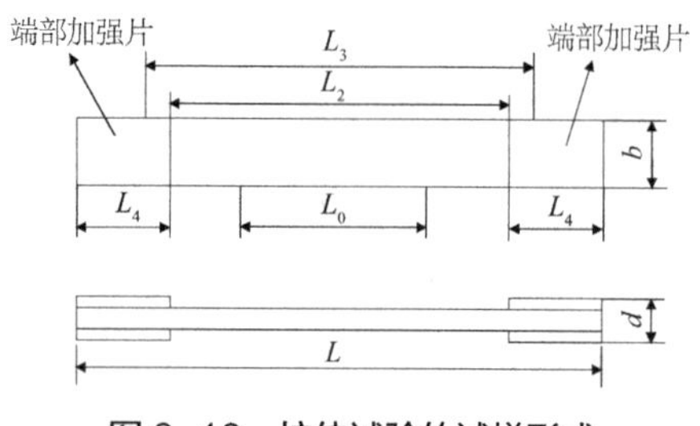

图 2-12　拉伸试验的试样形式

试件各部分允许取值　表 2-7

尺寸符号及含义	允许值（mm）
总长（最小）L	250
标距 L_0	100 ± 0.5
端部加强片间距离 L_2	150 ± 5
夹具间距离 L_3	170 ± 5
端部加强片长度 L_4	50
中间平行段宽度 b	25 ± 0.5
厚度 d	13

为了防止因试样局部受力引起的提前破坏，在试样两端夹持部分粘贴了 2mm 厚的铝板作为垫片，在试件标距中间对称粘贴两组应变片，如图 2-13 所示。试验采用电子拉伸仪加载，荷载通过试验机的自动采集系统输出记录。沿试样轴向稳定施加连续载荷直至试样断裂。整理试验结果可分别得到材料的拉伸强度、弹性模量及泊松比、断裂伸长率。

图 2-13　GFRP 拉伸试验

拉伸强度的计算公式为：

$$\sigma_{t}=\frac{F}{b\cdot d} \tag{2-21}$$

式中，σ_t 为拉伸强度（MPa）；F 为试样断裂时的最大荷载（N）；b 为试样宽度（mm）；d 为试样的厚度（mm）。

拉伸弹性模量为：

$$E_{t}=\frac{\sigma''-\sigma'}{\varepsilon''-\varepsilon'} \tag{2-22}$$

式中，E_t 为拉伸弹性模量（MPa）；σ'' 为应变 $\varepsilon''=0.0025$ 时测得的拉伸应力值（MPa）；σ' 为应变 $\varepsilon'=0.0005$ 时测得的拉伸应力值（MPa）。

泊松比为：

$$v=-\frac{\varepsilon_{2}}{\varepsilon_{1}} \tag{2-23}$$

式中，v 为泊松比；ε_1、ε_2 分别为与载荷增量 ΔP 对应的轴向应变和横向应变。断裂伸长率 ε_t 为：

$$\varepsilon_t = \frac{\Delta L_b}{L_0} \tag{2-24}$$

式中，ε_t 为拉伸断裂延伸率；ΔL_b 为试验拉伸断裂时标距 L_0 内最大伸长量（mm）；L_0 为测量的标距（mm）。

（2）GFRP 的压缩性能试验

压缩试验的试样形式和尺寸如图 2-14 和表 2-8 所示。安放试样时，试样的中心线必须要和试验机上下压板的中心线对准，如图 2-15 所示。

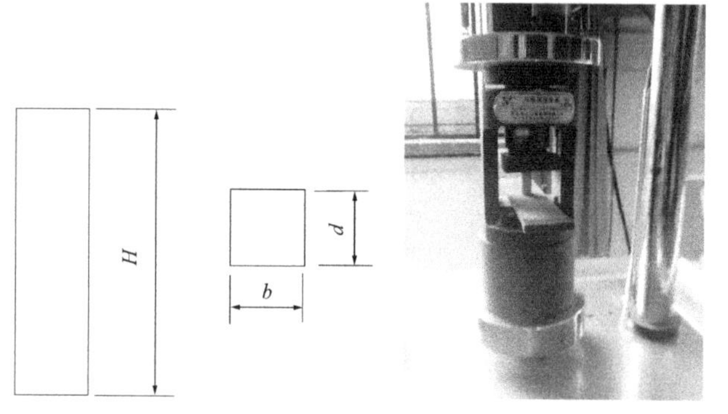

图 2-14　压缩试验试样形式　　图 2-15　压缩试验

压缩强度的计算公式为：

$$\sigma_c = \frac{P}{b \cdot h} \tag{2-25}$$

式中，σ_c 为复合材料的压缩强度（MPa）；P 为试样压缩破坏时的最大荷载（N）；b 为试样的宽度（mm）；h 为试样的厚度（mm）。

（3）GFRP 抗弯性能试验

根据《纤维增强塑料弯曲性能试验方法》GB/T 1449—2005 规定采用三点弯曲的试验方法，如图 2-16 所示。试样形式、尺寸如图 2-17 和表 2-8 所示。试样跨度为 200mm。

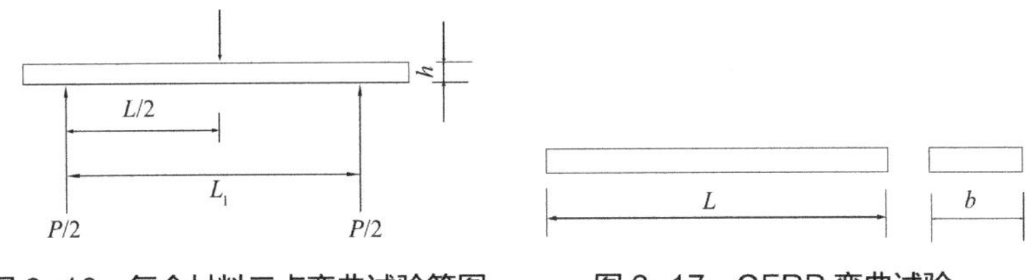

图 2-16　复合材料三点弯曲试验简图　　图 2-17　GFRP 弯曲试验

弯曲试验试样尺寸　表 2-8

尺寸符号及含义	允许值（mm）
总长（最小）L	260
宽度 b	30 ± 0.5
厚度 h	13

弯曲强度 σ_f 按式（2-26）计算：

$$\sigma_f = \frac{3P \cdot L}{2b \cdot h^2} \tag{2-26}$$

式中，σ_f 为弯曲强度（或挠度为 1.5 倍试样厚度时的弯曲应力）（MPa）；P 为破坏荷载（或挠度为 1.5 倍试样厚度时的荷载）（N）；L 为两支点间跨距（mm）；b 为试样宽度（mm）；h 为试样厚度（mm）。

弯曲弹性模量按式（2-27）计算：

$$E_f = 500(\sigma'' - \sigma') \tag{2-27}$$

式中，E_f 为弯曲弹性模量（MPa）；σ' 为应变 $\varepsilon'=0.0005$ 时测得的弯曲应力（MPa）；σ'' 为应变 $\varepsilon''=0.0025$ 时测得的弯曲应力（MPa）；L 为两支点间跨距（mm）；b 为试样宽度（mm）；h 为试样厚度（mm）。

（4）GFRP 的层间剪切性能试验

试验参考《纤维增强塑料层间剪切强度试验方法》JC/T 773—1983，试验方法和弯曲性能试验相似，采用矩形截面的条形试样作为简支梁，通过跨中施加弯曲荷载，使其发生层间剪切破坏，测定复合材料的剪切性能，如图 2-18 所示。为增加剪切应力水平，本试验采用了比弯曲性能试验更小的跨厚比。试样尺寸为 260mm × 65mm × 13mm，跨度为 65mm。

图 2-18　复合材料剪切性能

层间剪切强度 τ_M 按下式计算：

$$\tau_M = \frac{3}{4} \times \frac{F}{bh} \tag{2-28}$$

式中，τ_M 为层间剪切强度（MPa）；F 为破坏或最大载荷（N）；b 为试样宽度（mm）；h 为试样厚度（mm）。

2.3.2　试验结果与分析

（1）材料性能指标

GFRP 材料性能试验结果见表 2-9，可以看出其中抗拉强度和弹性模量均低于材料生产厂家所提供的值，弹性模量也低于表 2-6 中的理论计算值。

复合材料的强度由于受工艺、环境等因素的影响，在材料表面和内部不可避免地存在许多缺陷（气泡、微裂隙、微分层等），材料的强度往往取决于这些随机分布的缺陷中最薄弱的环节。本次材料性能试验是从构件中截取部分加工试件进行测试，构件中的初始缺陷、残余应力、纤维分布不均匀等局部特性都会对材料强度有较大影响。另外，对于非均质各向异性的 GFRP 材料，材料性能的尺寸效应可能更明显，这可能是本次试验结果低于理论计算结果和厂家提供的数据的主要原因。

GFR 材料性能试验结果　　表 2-9

数据来源	抗拉强度（MPa）	抗压强度（MPa）	抗弯强度（MPa）	弹性模量（GPa）
试验测试值	232	190	189	24
厂家提供值	300	300	—	30

（2）破坏形式

材料性能试验结果表明，GFRP 材料在拉伸、压缩、弯曲荷载的作用下，其破坏形式均为脆性破坏，即材料破坏前发生弹性变形，在图 2-19 拉伸荷载与变形曲线和图 2-20 弯曲荷载和变形曲线中可以看到曲线无明显的屈服点。

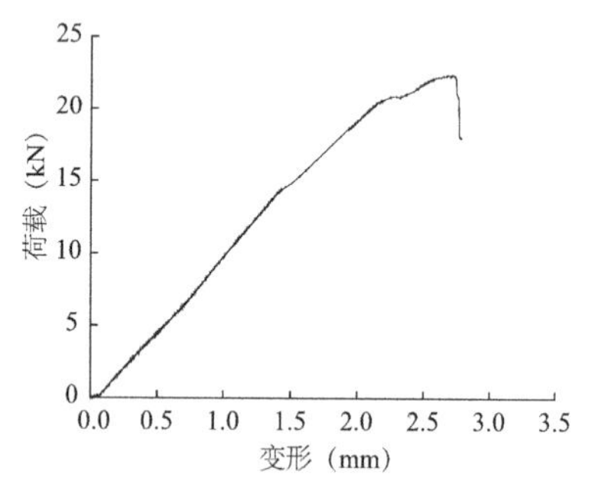

图 2-19 GFRP 拉伸试验曲线

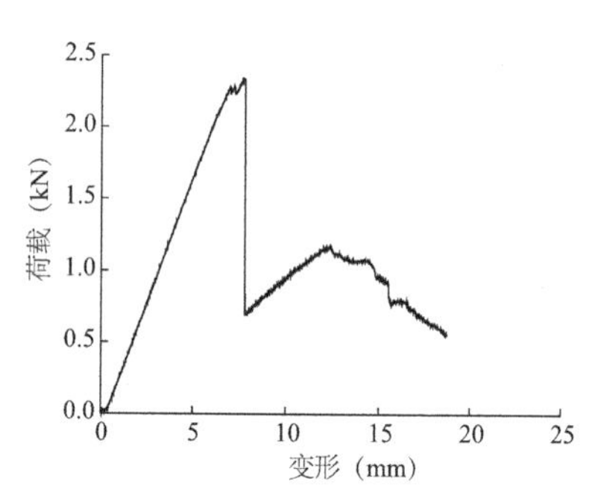

图 2-20 GFRP 弯曲试验曲线

图 2-21 为 GFRP 试件的破坏模式，由图可见，试件在拉伸、压缩和弯曲荷载作用下的破坏均为层间破坏。

纤维增强复合材料是由纤维和基体两种组分材料组成。从承受和传递应力系统的角度来看，复合材料可以视为一个“结构”，即由两类“元件”所构成的结构。一般地说，纤维是刚硬、弹性和脆性的；聚合物基体则是柔软、塑性或者黏弹性的。复合材料就是由这两种性质差异甚大，但是具有互补性质的组分材料所构成的在细观上很不均匀的“结构”。因此，复合材料的破坏与组分材料的破坏特性有关。对于连续纤维增强单向复合材料层合板，开始受荷时，纤维与基体粘结牢固，在荷载作用下纤维和基体的变形是一致的（图 2-7、图 2-8），荷载由两组元共同承担。随着荷载的增加，复合材料的变化将取决于各组元的性质、纤维的体积率与方向、纤维的表面处理、界面情况、基体的延伸率和韧性、工艺质量、受力情况、加载的时间和速率等。宏观上可能产生的破坏形态有：纤维断裂、纤维屈曲、基体开裂、分层、界面脱粘以及整体断裂破坏等。

在本次试验中材料的破坏实际上是基体的开裂破坏，纤维强度并没有充分发挥出来，试验研究结果表明，层间是拉挤成型 GFRP 材料的薄弱环节。

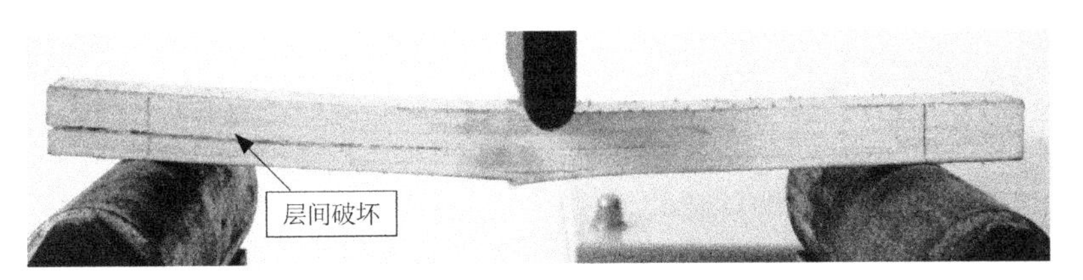

（a）弯曲层间剪切破坏

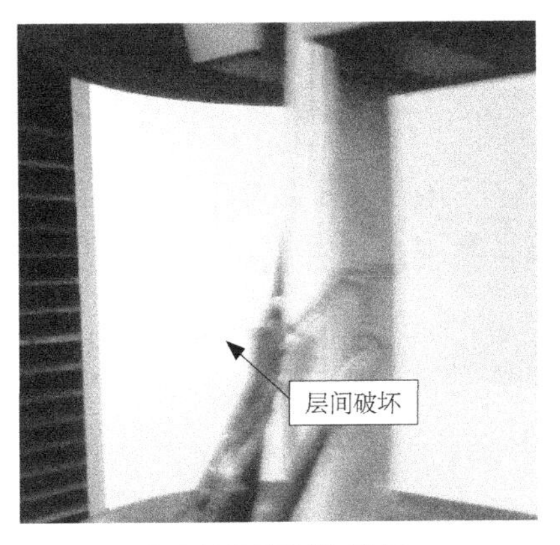

（b）拉伸层间剪切破坏

（c）压缩层间剪切破坏

图 2-21　GFRP 层间破坏

第3章 GFRP构件截面形式比选研究

在结构设计中，构件的比强度高，即所谓轻质高强，通常是一个非常重要的优选条件。轻质的结构构件可以使施工更容易、快速，保证施工人员安全，因此，近年来纤维增强复合材料在土木工程施工中得到了快速的发展。本书研究宗旨是开发研制在基坑工程中取代传统混凝土腰梁和钢腰梁的复合材料腰梁。目前，拉挤成型工艺被认为是最适合在土木行业中应用的FRP生产工艺。同样地，因其相对较低的造价，玻璃纤维增强复合材料在土木行业得到了最为广泛的应用。但是，由于目前还缺乏相关设计规范，拉挤成型构件的设计还主要依赖设计者的经验判断和基础力学知识，要可靠地预测复合材料构件的失效模式、极限强度等仍然很困难，因此，试验分析方法在复合材料结构设计中仍占有十分重要的地位。

本章根据目前市场上GFRP拉挤型材规格，进行了两种不同截面形式GFRP构件弯曲性能的试验研究；通过有限元软件ABAQUS建立了GFRP构件三维模型，对两种截面形式GFRP构件受力性能进行分析；基于初步试验和有限元分析研究成果，明确了复合材料腰梁截面优化设计的关键因素。

3.1　FRP 薄壁构件破坏模式

为同时满足重量轻和刚度要求，复合材料承力构件常采用薄壁梁作为受弯构件的主要形式。目前 FRP 薄壁构件截面形式主要有箱形、工字形、槽形等（参见 2.1.2）。和传统结构材料不同，由于 FRP 的比刚度低，所以 FRP 弯曲构件的设计应首先满足变形要求，即正常使用极限状态，然后进行承载力极限状态验算。理论研究和试验研究结果表明，对 FRP 薄壁构件，其承载力极限状态通常是临界屈曲应力控制，而不是材料轴向强度或剪切强度。

3.1.1　侧向屈曲

Mottram 等人大量试验研究表明，构件侧向整体屈曲通常发生在受到横向荷载的开口薄壁构件中，如工字形梁。当 FRP 构件达到整体侧向屈曲应力时，翼缘即产生侧向位移，腹板随即扭曲，导致整个梁身移出其垂直平面，如图 3-1 所示。

FRP 薄壁工字形梁整体屈曲临界应力 $\sigma_{cr}{}^{lat}$ 计算可按各向同性梁计算，不考虑剪切变形的影响，即：

$$\sigma_{cr}{}^{lat}=\frac{C_b}{S_x}\sqrt{\frac{\pi^2 E_L I_y G_{LT} J}{(k_f L_b)^2}+\frac{\pi^4 E_L{}^2 I_y C_w}{(k_f L_b)^2 (k_w L_b)^2}} \qquad (3\text{-}1)$$

式中，C_b 为沿梁长弯矩影响系数；C_w 为翘曲系数；S_x 为梁的强轴截面模量；J 为扭转系数；I_y 为梁的弱轴截面模量；k_f 为弱轴弹性屈曲有效长度系数；k_w 为扭曲有效长度系数；L_b 为梁无支撑长度。

图 3-1　GFRP 梁侧向扭曲屈曲

3.1.2　面内压缩应力作用下的局部屈曲

大量试验结果表明，对承受横向荷载的拉挤成型 GFRP 薄壁梁，因为面内剪切模量和宽厚比较低，其受压上翼缘极易发生破坏。当 GFRP 梁达到局部屈曲应力时，随着上翼缘发生局部屈曲破坏，和其连接的腹板因失去支撑随即也产生屈曲破坏，如图 3-2 所示。

因为 GFRP 工字形梁上翼缘一侧是自由的，另一侧和腹板连接，所以极易发生屈曲，而腹板的屈曲还没有得到试验验证。这表明对 FRP 薄壁梁来说，其薄壁板的压屈应力取决于其纵向边界条件。

目前 FRP 构件局部屈曲应力计算，最精确的解析解是由 Kolla′r（2002）给出的。对工字形 FRP 梁，翼缘在均布压力作用下若考虑一侧自由一侧简支，则局部屈曲应力为：

$$(\sigma^{ss}{}_{free})_f=\frac{\pi^2}{t_f\,(b_f/2)^2}[D_L(\frac{b_f/2}{a})^2+\frac{12}{\pi^2}D_S] \tag{3-2}$$

式中，t_f 为翼缘厚度；b_f 为梁横截面宽度；D_L 为薄壁板纵向弯曲刚度；D_S 为薄壁板的弯曲交叉刚度；a 为翼缘的长度。

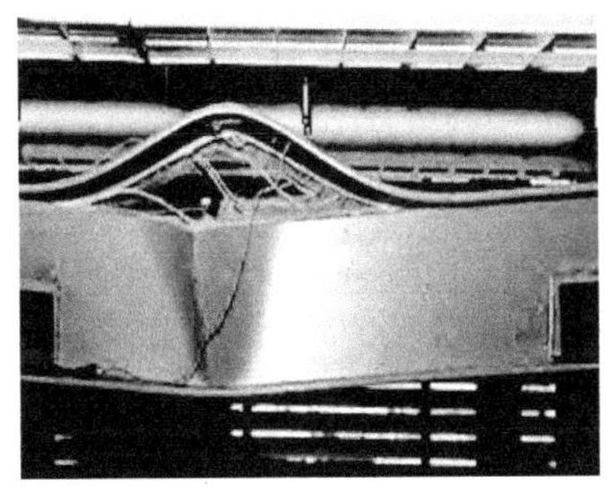

图 3-2　GFRP 梁上翼缘局部屈曲

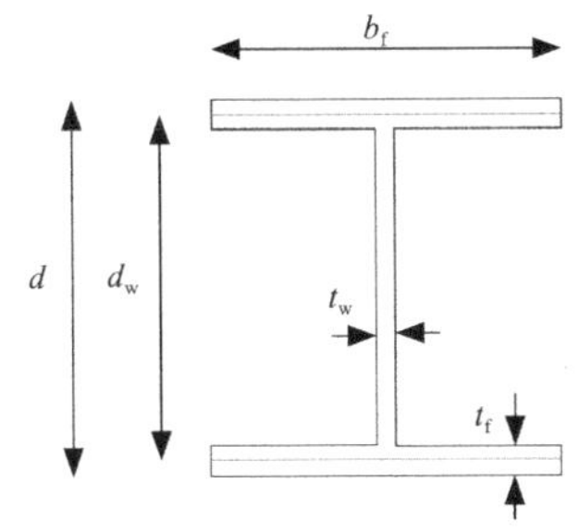

图 3-3　工字形梁截面

对长的翼缘来说，公式中括号内的第一项可以省略，则局部屈曲应力可按下式计算：

$$(\sigma^{ss}{}_{free})_f = \frac{4t^2{}_f}{b^2{}_f} G_{LT} \tag{3-3}$$

工字形梁考虑两端简支的腹板局部屈曲应力为：

$$(\sigma^{ss}{}_{ss})_w = \frac{\pi^2}{t_w d^2{}_w}(13.9\sqrt{D_L D_T} + 11.1D_{LT} + 22.2D_S) \tag{3-4}$$

式中，t_w 为腹板的厚度；d_w 为腹板的高度，见图 3-3；D_T、D_{LT} 分别为薄壁板的横向弯曲刚度和剪切弯曲刚度。

根据式（3-3）和式（3-4）计算结果可判断翼缘或腹板发生局部失稳，若$(\sigma^{ss}{}_{free})_f/(E_L)_f < (\sigma^{ss}{}_{ss})_w/(E_L)_w$，则表明翼缘将先于腹板发生屈曲（通常的情况），由此翼缘也将受到腹板的“约束”。考虑转动约束的翼缘屈曲应力为：

$$\sigma_{cr}^{local-flange} = \frac{1}{(b_f/2)^2 t_f}\left(7\sqrt{\frac{D_L D_T}{1+4.12\zeta_{I-flange}}} + 12D_S\right) \tag{3-5}$$

$$k_{\mathrm{I-flange}}=\frac{2(D_{\mathrm{T}})_{\mathrm{w}}}{d_{\mathrm{w}}}[1-\frac{(\sigma^{\mathrm{ss}}{}_{\mathrm{free}})_{\mathrm{f}}(E_{l})_{\mathrm{w}}}{(\sigma^{\mathrm{ss}}{}_{\mathrm{ss}})(E_{\mathrm{L}})_{\mathrm{f}}}] \tag{3-6}$$

$$\zeta_{\mathrm{I-flange}}=\frac{D_{\mathrm{T}}}{k_{\mathrm{I-flange}}L_{\mathrm{f}}} \tag{3-7}$$

式中，$k_{\mathrm{I-flange}}$ 为腹板和翼缘连接处的刚度；$\zeta_{\mathrm{I-flange}}$ 为约束系数；L_{f} 为翼缘板距约束边的宽度。

3.1.3 面内剪切应力作用下的局部屈曲

工字形和箱形 FRP 梁在加载点和支座附近，其腹板在剪切力作用下可发生局部屈曲破坏，但目前关于工字形梁在剪切应力作用下局部屈曲的试验验证还没有文献报道。理论公式计算薄壁板的局部屈曲临界应力为：

$$\tau_{\mathrm{cr}}^{\mathrm{local}}=\frac{4k_{\mathrm{LT}}\sqrt[4]{D_{\mathrm{L}}D^{3}{}_{\mathrm{T}}}}{t_{\mathrm{w}}d^{2}{}_{\mathrm{w}}} \tag{3-8}$$

当 $K\leqslant 1$ 时

$$k_{\mathrm{LT}}=8.125+5.045K \tag{3-9}$$

$$K=\frac{2D_{\mathrm{S}}+D_{\mathrm{LT}}}{\sqrt{D_{\mathrm{L}}D_{\mathrm{T}}}} \tag{3-10}$$

式中，k_{LT} 为剪切屈曲系数；K 为各向异性剪切比。

3.1.4 腹板局压破坏和腹板横向屈曲

拉挤构件的腹板因其低的横向抗压强度和刚度，在加载点和支座附近极易产生局部破坏，如图 3-4 所示。对腹板的局压破坏，其临界应力通常可认为等同于横向压缩强度，即：

$$(\sigma_y)_{cr}^{crush} = \sigma_{T,c} \tag{3-11}$$

图 3-4 FRP 构件的腹板局压破坏

在集中荷载作用下，腹板的横向屈曲临界应力计算，可把腹板视为在非加载一端简支的薄板，其临界屈曲应力为：

$$(\sigma_y)_{cr}^{local} = \frac{2\pi^2}{t_w b_{eff}^2}(\sqrt{D_L D_T} + D_{LT} + 2D_S) \tag{3-12}$$

式中，b_{eff} 为腹板承受荷载的有效宽度，可取腹板高度 d_w。

3.2 GFRP 构件力学性能试验研究

为了解 GFRP 构件的破坏形态及破坏机理，研究复合材料腰梁截面优化设计的关键影响因素，本节进行了两种不同截面形式玻璃纤维复合材料构件的弯曲性能试验，并将足尺寸构件试验获得的弹性设计参数和材料性能试验数据进行对比分析。

3.2.1 构件设计

基于目前市场上可提供的 GFRP 型材规格及基坑支护中常见的腰梁截面形式，本次试验选择了两种截面形式 GFRP 构件（材料来源参见 2.3）：工字形截面和双拼背靠背槽形截面。双拼槽形构件采用 GFRP 缀板，用螺栓连接制作，缀板间距为 45cm。GFRP 试验梁截面尺寸如图 3-5 所示。两种截面梁横截面积大致相等，分别为 $63cm^2$、$64cm^2$。

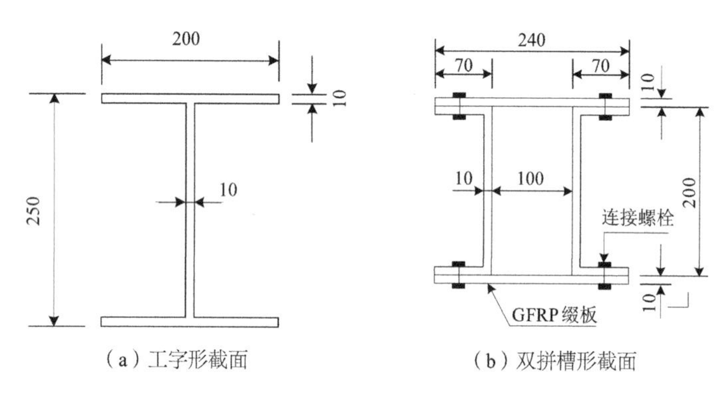

（a）工字形截面　　（b）双拼槽形截面

图 3-5　GFRP 试验梁截面尺寸示意图（mm）

3.2.2 试验方案

GFRP 构件弯曲性能试验在 5000kN 长柱试验机上进行。试验构件长 2000mm，两端简支，净跨为 1800mm。试验采用手动千斤顶通过分配梁对试验梁进行三分点对称加载。试件和分配梁重约 47kg，相对荷载小，故计算时忽略其影响。支座和分配梁下铺设 10mm 厚砂浆垫层，试验装置如图 3-6 所示。

试验过程采用分级加载，每级荷载为 5kN；持荷 15min 后可施加下一级荷载。试验测试内容包括梁跨中挠度、支座沉降、跨中截面应变、极限荷载等，图 3-7 为试验装置及测点布置示意图。

图 3-6　GFRP 构件试验装置

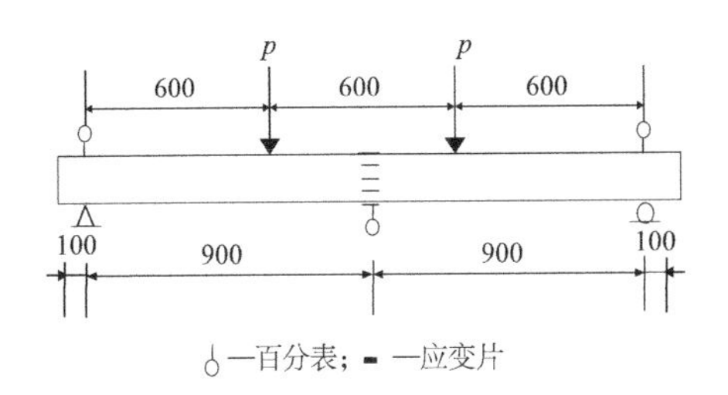

图 3-7　GFRP 构件静载试验测点布置图（mm）

3.2.3　试验结果与分析

（1）加载破坏现象

① GFRP 工字形梁

在试验过程中，当荷载增加到 40kN 时，开始听到试件发出"噼啪"声音，说明此时构件内部产生局部损伤，观察构件表面并未看到破坏痕迹。当荷载继续增加，响声随之也增大，当荷载增加至 60kN 时，构件突然发生侧向扭转失稳（图 3-8），立即停止加荷。

卸荷时，构件随之恢复原状。观察构件表面，没有出现明显的白斑及剥离开裂现象，试验过程中各测点的应变数据也没有发生突变，由此可以判断构件的破坏形式为弹性失稳。

图 3-8 工字形 GFRP 构件的整体失稳破坏

②双拼槽形 GFRP 梁

试验开始阶段，同工字形梁相似，当荷载加到 60kN 时，开始出现局部损伤，观察构件表面完好；当荷载增至 90kN 时，构件发出的声音变大，并且观察到在支座处腹板和翼缘连接处的两侧均出现白斑，但各测点的应变数据没有发生明显变化；继续加荷，当荷载增至 100kN 时，听到构件发出连续的声响，跨中百分表的读数连续增加，先前在支座处两侧的白斑向两侧延伸（图 3-9），加载停止。

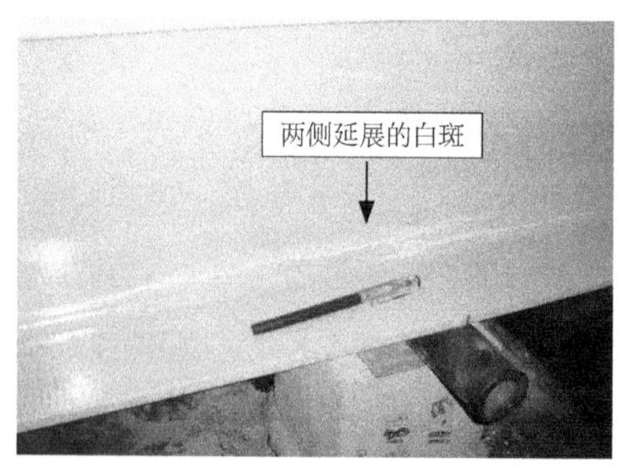

图 3-9 双拼槽形梁支座处局压破坏

试验结束后，观察 GFRP 试验构件其他位置没有发现明显破坏现象，因此可以判断构件的破坏为支座处的局部受压破坏。

（2）跨中截面应变

如图 3-7 所示，在 GFRP 试验梁跨中位置两侧腹板和上下翼缘位置分别粘贴应变片，得到 GFRP 构件跨中截面在加荷载过程中的应变分布，测试结果如图 3-10 所示。从图中可见，从试验加载开始到破坏结束，两种截面形式的 GFRP 构件跨中截面变形基本符合平截面假定，受拉区高度略小于受压区高度，工字形 GFRP 梁和双拼槽形梁跨中截面中和轴相对高度分别为 0.61 和 0.55。

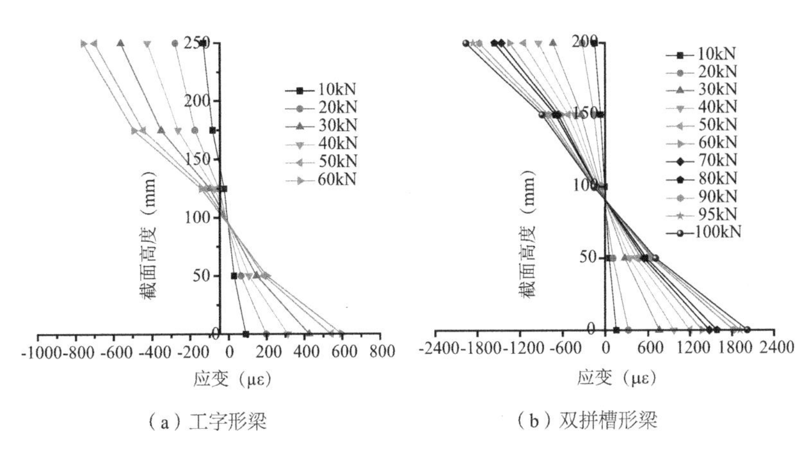

（a）工字形梁　　（b）双拼槽形梁

图 3-10　GFRP 构件跨中截面应变

（3）荷载—跨中挠度曲线

根据布置在跨中和支座处百分表读数可以得到试验梁荷载和挠度关系曲线，如图 3-11 所示。从图中可见，从受荷到破坏，工字形 GFRP 梁的变形均为弹性变形，达到极限状态（整体失稳）时跨中最大挠度为 3.07mm。对双拼槽形截面 GFRP 梁，是由于目前市场上 GFRP 型材规格有限，将槽形梁通过连接缀板拼接而成，见图 3-5（b）。

在试验过程中连接缀板和螺栓要影响 GFRP 梁受力，对 GFRP 梁变形将会产生一定的影响，但由图 3-11 可见，双拼槽形 GFRP 梁的荷载 - 跨中挠度曲线仍接近为直线，其破坏时（局压破坏）的跨中挠度为 14.15mm。

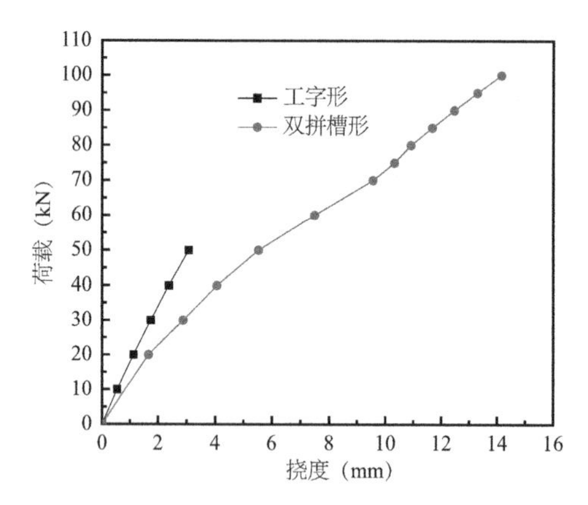

图 3-11　GFRP 试验梁荷载 - 跨中挠度曲线

本次 GFRP 梁抗弯性能试验也可视为另一种形式的 GFRP 材料性能试验，根据工字形 GFRP 梁的试验数据，经反算得到弹性模量，其平均值为 24.8GPa，略大于前述材料性能试验得到的结果。

两种形式 GFRP 梁达到极限状态时荷载和跨中挠度的比值分别为 16.3、7.06，这表明工字形梁虽然抗弯刚度较大，但其整体稳定性却小于双拼槽形 GFRP 梁。两种形式梁的截面面积相近（$63cm^2$、$64cm^2$），而双拼槽形截面梁的极限承载力约为工字形梁的 2 倍。对双拼槽形 GFRP 梁，当构件达到极限状态时最大弯矩为 30kN · m，截面最大正应力为 55.3MPa，约为 GFRP 拉伸强度值的 1/4，说明 GFRP 材料高强特性并没有得到充分发挥。

结构设计的关键问题是构件的极限状态及破坏机理。文献资料表明，FRP薄壁构件的极限状态可分为整体侧向屈曲、构件在面内压缩应力作用下的局部屈曲、构件在面内剪切应力作用下的局部屈曲、腹板横向压坏和屈曲以及翼缘和腹板的纵向强度破坏。大量的试验结果表明，对常规的拉挤型GFRP薄壁构件（工字形梁和箱形梁），由于其低的面内剪切模量和长细比（宽厚比），受压翼缘最易产生局部屈曲；而整体侧向屈曲通常发生在受横向荷载的开口薄壁梁构件中，整体侧向屈曲临界荷载试验和构件的截面高度有关。对本书试验中跨度为1.8m的工字形GFRP梁，由于刚度需求（GFRP弹性模量小）其高跨比较大，在加荷60kN时即发生了整体弹性失稳，双拼槽形梁因为受压上翼缘有缀板螺栓连接，增强了上翼缘承受压屈荷载的能力，最终的破坏形式是支座处的腹板局压破坏，说明翼缘和腹板的交接处是薄弱环节。因此在生产工艺条件允许的基础上，GFRP构件应尽量选择腹板和翼缘以大内圆半径连接的方案以增加构件的承载能力。

3.3　GFRP构件有限元分析

目前有限元分析方法主要应用在复合材料细观力学研究领域，在复合材料单层板及单向板的强度、刚度、损伤等方面得到了较广泛的应用；而对于拉挤成型GFRP构件的研究手段目前还是以试验研究为主，有限元分析成果并不多见。

为了深入地研究不同截面形式GFRP腰梁弯曲受力性能，本节采用有限元软件ABAQUS建立了GFRP构件的三维模型，对两种截面形式的GFRP构件受力性能进行分析，并将有限元计算结果同试验结果进行了对比。

3.3.1 有限元模型及参数

在 GFRP 梁两点抗弯试验中，构件的变形以弯曲变形为主，在有限元建模中使用非协调单元能得到精确的模拟结果，故采用 C3D8I 单元（八节点线性六面体单元，非协调模式）建模，工字形截面模型梁的截面尺寸如图 3-5（a）所示，双拼槽形截面，整合成型即为双腹板工字形截面，模型截面如图 3-12 所示；梁采用简支支座，跨度为 1.8m，梁长 2m。GFRP 工字形截面梁和双腹板工字梁的有限元分析模型及坐标系统如图 3-13 所示。

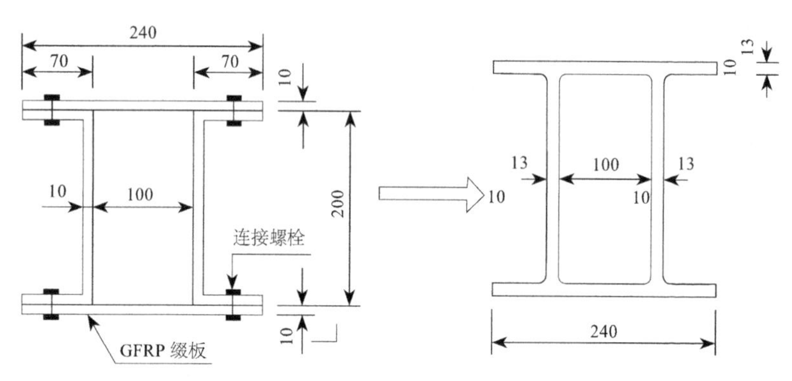

图 3-12 双腹板工字形梁模型截面（mm）

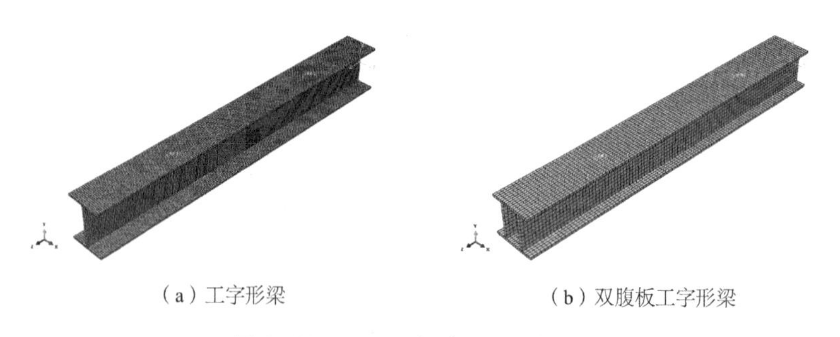

（a）工字形梁

（b）双腹板工字形梁

图 3-13 GFRP 梁有限元分析模型

GFRP 材料为正交各向异性材料，故在进行数值模拟时，要考虑材料各向异性的特殊性质。GFRP 梁的原材料基本参数如表 2-4 所示，根据材料性能试验和构件弯曲试验的结果，按照材料弹性模量 24.8GPa，重新估算纤维体积含量，由式（2-1）可得调整后的纤维体积含量为 30%。由细观力学式（2-1）、式（2-3）、式（2-6）、式（2-8）计算弹性常数 E_1、E_2、v_{12}、G_{12}。横向剪切模量 G_{23} 和泊松比 v_{23}，本书采用文献资料推荐的经验式（3-13）、式（3-14）进行了计算：

$$G_{23}=\frac{G_{\mathrm{f}}G_{\mathrm{m}}[V_{\mathrm{f}}+\eta_{23}(1-V_{\mathrm{f}})]}{G_{\mathrm{m}}V_{\mathrm{f}}+G_{\mathrm{f}}\eta_{23}(1-V_{\mathrm{f}})} \tag{3-13}$$

其中，$\eta_{23}=0.388-0.665\sqrt{\frac{E_{\mathrm{m}}}{E_{\mathrm{f}}}}+2.56\frac{E_{\mathrm{m}}}{E_{\mathrm{f}}}$

$$v_{23}=k\,[v_{\mathrm{f}}V_{\mathrm{f}}+v_{\mathrm{m}}(1-V_{\mathrm{f}})] \tag{3-14}$$

其中，$k=1.095+0.27(0.8-V_{\mathrm{f}})$

GFRP 材料的弹性参数计算结果见表 3-1。

GFRP 材料的弹性参数设定　　　　表 3-1

材料	弹性模量（GPa）$E_1/E_2/E_3$	泊松比 $v_{12}/v_{23}/v_{13}$	剪切模量（GPa）$G_{12}/G_{23}/G_{13}$
GFRP	24.8/5.6/5.6	0.24/0.35/0.24	2.27/3.24 2.27

3.3.2　有限元分析结果及讨论

（1）GFRP 梁横截面变形

图 3-14、图 3-15 分别为两种截面形式 GFRP 模型梁，在施加荷

载 P=15kN 时横截面变形云图，(a)、(b)、(c) 分别为靠近支座附近截面、跨中截面及加载点和跨中之间截面。由图可见，模型梁剪切横向变形明显，即使在纯弯段，如（c）截面，也会产生横向剪切变形，跨中位置的受弯梁截面可保持平截面。

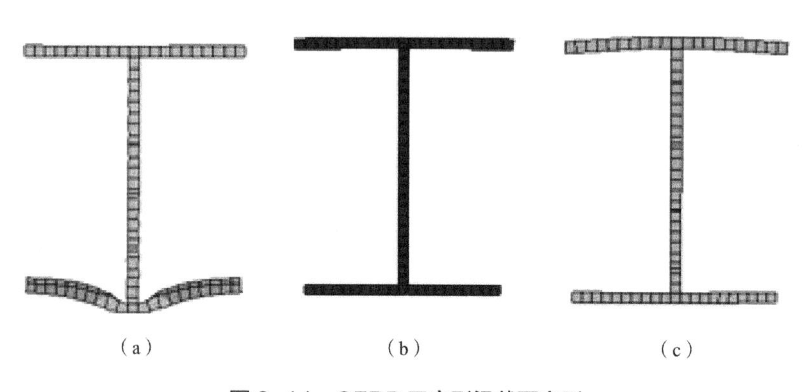

图 3-14　GFRP 工字形梁截面变形

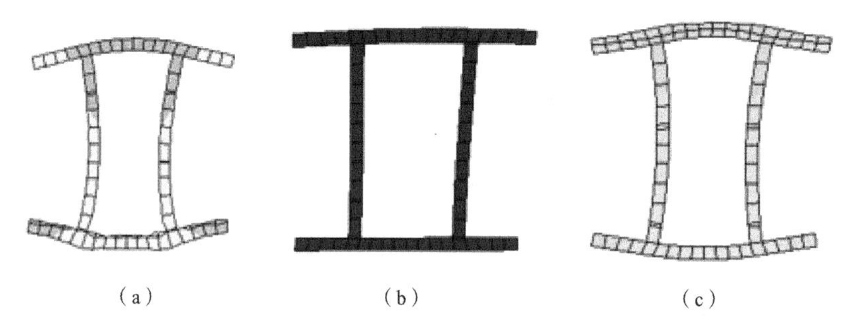

图 3-15　GFRP 双腹板工字形梁截面变形

（2）荷载—跨中挠度

计算可得 GFRP 梁的变形和应力分布，将室内试验测试数据与有限元模拟结果进行比较，图 3-16 为梁跨中挠度对比图。

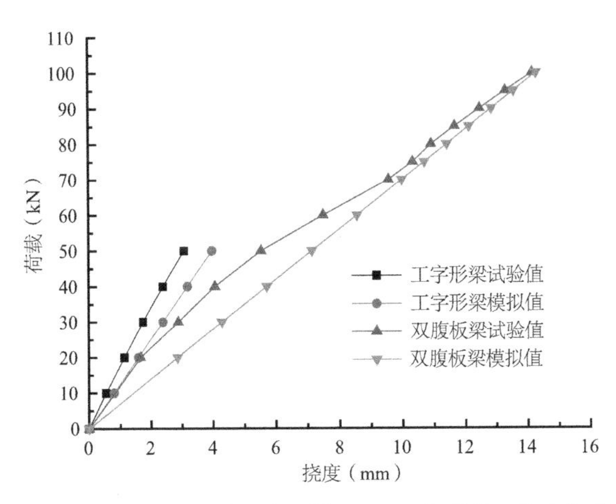

图 3-16　试验和有限元模拟得到的 GFRP 梁荷载—跨中挠度对比

由图 3-16 可以看出，有限元模拟值和实测值有一定的差距，分析主要原因还是有限元建模过程中材料弹性参数的取值问题，例如材料弹性模量 24.8GPa 是根据构件弯曲试验的结果，由欧拉 - 伯努利梁理论计算得出的，没有考虑剪切变形的影响，计算结果偏小。另外，研究结果表明，由细观力学计算 FRP 材料弹性常数时，对由树脂基体决定的弹性常数其计算结果误差较大。而在剪切模量 G_{ij} 的计算中，除非纤维的体积含量很大，否则复合材料的剪切模量主要取决于树脂基体的剪切模量。目前还没有结构工程设计使用的 FRP 材料性能规范，文献资料中提供的数值也很少并且差异较大，所以在数值模拟中对剪切模量的选取较难确定。有限元分析过程表明，剪切模量的取值对梁的变形影响较大。因为对 GFRP 构件来说，其纵向弹性模量和剪切模量的比值较高，所以其弯曲时横向变形的影响不能忽略，GFRP 梁的计算应采用 Timoshenko 梁理论。

模拟计算结果同时表明，整合后的双腹板工字形截面梁整体刚度比工字形截面梁增加约 80%，构件的整体性能更好。

第4章 新型双腹板工字形GFRP腰梁及其连接研究

综合GFRP构件的力学性能特点和工程应用要求，提出双腹板工字形截面应是复合材料腰梁适宜的截面形式，经过结构设计计算，确定了复合材料腰梁构件截面方案，并加工制作成产品；对新型复合材料腰梁构件进行了静载和徐变试验，验证其工程适用性；提出两种GFRP腰梁套筒式连接方案，通过试验和数值模拟方法，确定GFRP腰梁内置套筒式连接方案并分析了该连接形式的受力特点。

4.1 双腹板工字形GFRP腰梁结构设计

4.1.1 设计流程

虽然FRP结构出现已有三十多年的历史，并已经有在人行桥、车行桥、房屋框架、楼梯间、冷却塔以及通道和平台中应用的工程实例（参见1.3.1），但和FRP筋混凝土结构及FRP加固补强结构不同，至今，对FRP结构仍无指导性的设计规范和准则。

目前，FRP弯曲构件设计方法主要有容许应力设计法（Allowable Stress Design，简称ASD）、荷载和抗力系数法（Load and Resistance Factor Design，简称LRFD），本书采用容许应力设计法，设计流程见图4-1。

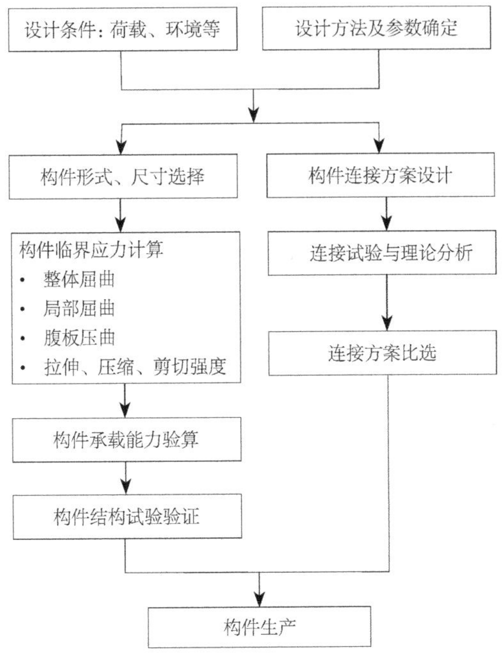

图 4-1　GFRP 腰梁设计流程

4.1.2　设计参数

本书研究任务为设计在基坑支护工程中的 GFRP 腰梁，以取代传统钢腰梁和混凝土腰梁。目前虽然对基坑支护结构计算方法的研究比较深入，但对作为排桩支护体系中连接排桩和锚杆的构件——腰梁的受力机理和计算方法的研究却并不多见，常规的设计通常将支点水平荷载沿腰梁长度方向分段简化为均布荷载，然后按连续梁或简支梁计算内力，计算跨度取相邻支撑点（排桩）中心距。取预应力锚杆设计值为 250kN，排桩间距为 2m，按简支梁进行复合材料腰梁受力分析，计算简图如图 4-2 所示。

目前对基坑中腰梁变形，规范中没有提出验算要求，但考虑到复合材料腰梁的设计虽然以强度和稳定性为主，但腰梁变形过大将会影响锚杆体系的传力，因此，本书取变形限值为 30mm 进行设计。GFRP 拉挤构件的材料性能参数以厂家提供的资料、材料性能测试、细观力学计算和文献数据确定，见表 4-1 和表 4-2。

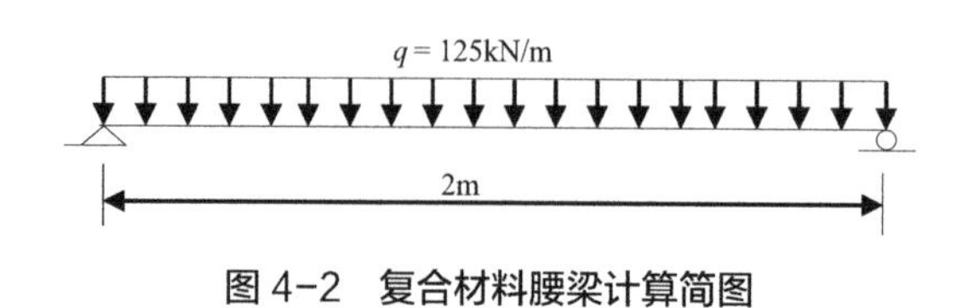

图 4-2　复合材料腰梁计算简图

原材料基本参数　　表 4-1

材料	弹性模量（GPa）	拉伸强度（MPa）	剪切模量（GPa）	泊松比	相对密度	重量分数（%）
E- 玻璃纤维	76	3400	29.5	0.25	2.55	65
不饱和聚酯树脂	4.2	42	1.6	0.3	1.2	35

GFRP 腰梁材料性能参数　　表 4-2

材料的性能参数及符号	取值
纵向拉伸模量 E^{t}_{L}（GPa）	35.4
纵向压缩模量 E^{c}_{L}（GPa）	35.4
横向拉伸模量 E^{t}_{T}（GPa）	7.2
横向压缩模量 E^{c}_{T}（GPa）	9.2
面内剪切模量 G_{LT}（GPa）	2.74
纵向泊松比 v_{L}	0.28
纵向拉伸强度 X_{t}（MPa）	296
纵向压缩强度 X_{c}（MPa）	249
横向拉伸强度 Y_{t}（MPa）	50
横向压缩强度 Y_{c}（MPa）	70
面内剪切强度 S（MPa）	31.4

4.1.3　构造尺寸

复合材料腰梁选取双腹板工字形截面形式，根据构件受力特点和目前厂家生产工艺水平（主要是拉挤薄板的厚度限制），确定腰梁截面尺寸如图 4-3 所示，构件截面几何特性计算见表 4-3。

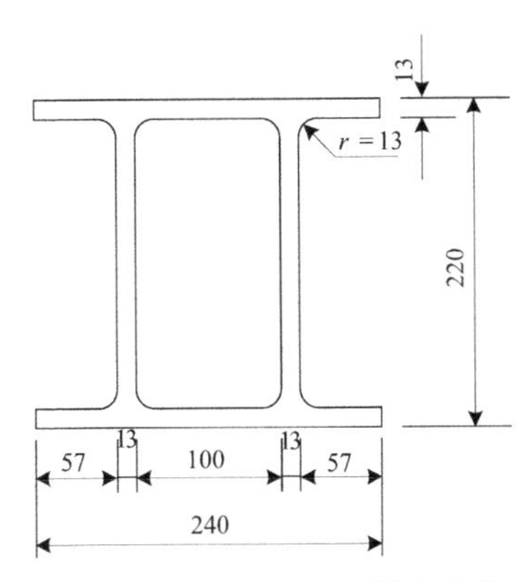

图 4-3　GFRP 腰梁初步设计方案（mm）

采用 Timoshenko 梁理论计算梁的最大挠度为：

$$K_{\text{tim}}=\frac{80}{192+(v_{\text{L}}G_{\text{LT}}/E_{\text{L}})(33)}=0.417 \tag{4-1}$$

剪切刚度　$K_{\text{tim}}AG_{\text{LT}}=0.417\times11284\times2.74=12892.8$（kN）　（4-2）

$$EI=EI_{\text{x}}=35.4\times82751985=2929.4\text{（kN·m}^2\text{）} \tag{4-3}$$

则 $\delta_{\max}=\dfrac{5ql^4}{383EI}+\dfrac{ql^2}{8KAG}=\dfrac{5\times125\times2^4}{384\times2929.4}+\dfrac{125\times2^2}{8\times12892.8}=13.78$（mm）（4-4）

式中，K_{tim} 为 Timoshenko 剪切系数；G_{LT} 为翼缘和腹板面内剪

切模量（GPa）; l 为梁的计算跨度（m）; q 为作用在梁上的分布荷载（kN/m）。

计算结果表明梁的总变形为 13.78mm，可以满足变形要求，但是由于较低的材料的层间剪切模量，构件剪切变形占总变形比例较大，为 35%。

GFRP 双腹板工字形腰梁截面几何特性　　表 4-3

几何特性及符号	计算值
绕强轴惯性矩 I_x（mm^4）	82751985
绕弱轴惯性矩 I_y（mm^4）	46124745
主轴截面模量 S_x（mm^3）	752290
截面面积 A（mm^2）	11284
扭转常数 J（mm^4）	635665

4.1.4 结构整体验算

1. 最大内力计算

跨中最大弯矩：

$$M_{max}=\frac{qL^2}{8}=\frac{125\times 2^2}{8}=62.5\ (\text{kN}\cdot\text{m}) \tag{4-5}$$

截面最大正应力：

$$\sigma_{max}=\frac{M_{max}}{S_x}=\frac{62.5\times 10^6}{752290}=83.08\ (\text{MPa}) \tag{4-6}$$

腹板承受横向应力：

$$\sigma_y=\frac{q}{t_w}=\frac{125}{13\times 2}=4.8\ (\text{MPa}) \tag{4-7}$$

最大剪力及剪应力：

$$V_{max}=\frac{ql}{2}=\frac{125\times2}{2}=125\text{（kN）}\tag{4-8}$$

$$\tau_{max}=\frac{V_{max}}{A_w}=\frac{125\times1000}{220\times13\times2}=21.85\text{（MPa）}\tag{4-9}$$

式中，t_w、A_w 分别为腹板的厚度（mm）和面积（mm^2）。

2. 临界应力计算

（1）整体屈曲

均布荷载作用下的简支梁力矩影响系数 C_b=1.13，弹性屈曲有效长度系数 k_f 和扭屈有效长度系数 k_w 等于 1.0，则翘曲系数为：

$$C_w=\frac{I_y d^2}{4}=\frac{46124745\times220^2}{4}=5.58\times10^{11}\text{（}mm^6\text{）}\tag{4-10}$$

由公式（3-1）计算整体屈曲临界应力为：

$$\sigma^{lat}{}_{cr}=\frac{C_b}{S_x}\sqrt{\frac{\pi^2E_LI_yG_{LT}J}{(k_fL_b)^2}+\frac{\pi^4E_L{}^2I_yC_w}{(k_fL_b)^2(k_wL_b)^2}}$$

$$=\frac{1.13}{752290}\sqrt{\frac{\pi^2 35.4\times1000\times46124745\times2.74\times1000\times635665}{(1.0\times2000)^2}+\frac{\pi^4(35.4\times1000)^2\times46124745\times5.58\times10^{11}}{(1.0\times2000)^2\times(1.0\times2000)^2}}$$

$$=267\text{（MPa）}\tag{4-11}$$

整体屈曲临界弯矩为：

$$M_{cr}=\sigma^{lat}{}_{cr}S_x=267\times752290\times10^{-6}=200.8\text{（kN·m）}\tag{4-12}$$

式中，d 为构件的计算高度（mm）；L_b 为梁无支撑长度（mm）；S_x 为梁的绕强轴截面模量（mm^3）；J 为扭转系数（mm^4）；I_y 为梁的弱轴截面模量（mm^4）。

（2）局部屈曲

翼缘及腹板横向泊松比：

$$v_T = \frac{E^c{}_T}{E^c{}_L} v_L = \frac{9}{35.4} \times 0.28 = 0.07 \tag{4-13}$$

翼缘板及腹板弯曲刚度：

$$D_L = \frac{E^c{}_L \times t^3{}_p}{12(1 - v_L v_T)} = \frac{35.4 \times 13^3 \times 10^{-3}}{12(1 - 0.16 \times 0.04)} = 6.52\ (\text{kN} \cdot \text{m}) \tag{4-14}$$

$$D_S = \frac{G_{LT}\, t^3{}_p}{12} = \frac{2.74 \times 13^3 \times 10^{-3}}{12} = 0.50\ (\text{kN} \cdot \text{m}) \tag{4-15}$$

$$D_T = \frac{E^c{}_T}{E^c{}_L} D_L = \frac{9}{35.4} \times 6.52 = 1.66\ (\text{kN} \cdot \text{m}) \tag{4-16}$$

$$D_{LT} = v_T D_L = 0.07 \times 6.52 = 0.46\ (\text{kN} \cdot \text{m}) \tag{4-17}$$

则由式（3-3）、式（3-4）计算翼缘、腹板的屈曲应力为：

$$(\sigma^{ss}_{free})_f = \frac{4t_f^2}{b_f^2} G_{LT} = \frac{4 \times 13^2}{240^2} 2.74 \times 1000 = 32.156\ (\text{MPa}) \tag{4-18}$$

$$\begin{aligned}(\sigma^{ss}{}_{ss})_w &= \frac{\pi^2}{t_w d^2{}_w}(13.9\sqrt{D_L D_T} + 11.1 D_{LT} + 22.2 D_S) \\ &= \frac{\pi^2}{13 \times 2 \times 207^2}(13.9\sqrt{6.52 \times 1.66} + 11.1 \times 0.46 + 22.2 \times 0.50) \times 10^6 \\ &= 547\ (\text{MPa})\end{aligned} \tag{4-19}$$

式中，d_w 为腹板的高度（mm）；t_f 为翼缘厚度（mm）；D_L 为翼缘板纵向弯曲刚度（kN・m）；D_S 为翼缘板弯曲交叉刚度（kN・m）；D_T、D_{LT} 分别为薄壁板的横向弯曲刚度（kN・m）和剪切弯曲刚度（kN・m）。

因为腹板和翼缘的纵向压缩模量相同，所以$(\sigma^{ss}{}_{free})_f/(E_L)_f<(\sigma^{ss}{}_{ss})_w/(E_L)_w$，由此可得翼缘将先于腹板发生屈曲。

腹板和翼缘连接处的刚度 $k_{I\text{-flange}}$ 约束系数 $\zeta_{I\text{-flange}}$ 的计算为：

$$k_{I-\text{flange}}=\frac{4(D_T)_w}{d_w}[1-\frac{(\sigma^{ss}{}_{free})_f(E_l)_w}{(\sigma^{ss}{}_{ss})(E_L)_f}] \tag{4-20}$$

$$=\frac{4\times1.66\times1000}{207}[1-\frac{32.156}{547}]$$

$$=30.19\text{（kN）}$$

$$\zeta_{I-\text{flange}}=\frac{D_T}{k_{I-\text{flange}}L_T} \tag{4-21}$$

$$=\frac{1.66\times1000}{30.19\times57}$$

$$=0.9646$$

则由式（3-5）可得翼缘的屈服应力为：

$$\sigma_{cr}^{\text{local}-\text{flange}}=\frac{1}{L_T{}^2t_f}(7\sqrt{\frac{D_LD_T}{1+4.12\zeta_{I-\text{flange}}}}+12D_S) \tag{4-22}$$

$$=\frac{1}{57^2\times13}(7\sqrt{\frac{6.52\times1.66}{1+4.12\times0.6873}}+12\times0.5)\times10^6$$

$$=420.5\text{（MPa）}$$

式中，L_T 为翼缘板距约束边的宽度（mm）；b_f 为梁横截面宽度（mm）。

（3）腹板局部剪切屈曲

为了计算腹板局部剪切屈曲应力，先确定剪切屈曲系数 k_{LT}、各向异性剪切比 K：

$$K = \frac{2D_S + D_{LT}}{\sqrt{D_L D_T}} = \frac{2 \times 0.5 + 0.46}{\sqrt{6.52 \times 1.66}} = 0.444 < 1.0 \tag{4-23}$$

$$k_{LT} = 8.125 + 5.045K = 8.125 + 5.045 \times 0.444 = 10.36 \tag{4-24}$$

腹板局部剪切屈曲应力由式（3-8）可得：

$$\tau_{cr}^{local} = \frac{4K_{LT}\sqrt[4]{D_L D_T^3}}{t_w d_w^2} = \frac{4 \times 10.36 \times \sqrt[4]{6.52 \times 1.66^3} \times 10^6}{13 \times 2 \times 207^2} = 84.4\text{（MPa）} \tag{4-25}$$

腹板局部剪切屈曲力为：

$$V_{cr}^{local} \approx \tau_{cr}^{local} \times A_{web} = 84.4 \times 13 \times 220 \times 10^{-3} = 241.4\text{（kN）} \tag{4-26}$$

式中，A_{web} 为腹板的面积。

（4）腹板横向屈曲

对均布荷载，腹板的有效宽度 b_{eff} 为腹板的高度 d_{w}，腹板横向屈曲应力采用式（3-12）计算为：

$$(\sigma_{\mathrm{y}})^{\mathrm{local}}{}_{\mathrm{cr}}=\frac{2\pi^2}{t_{\mathrm{w}}b^2{}_{\mathrm{eff}}}(\sqrt{D_{\mathrm{L}}D_{\mathrm{T}}}+D_{\mathrm{LT}}+2D_{\mathrm{S}}) \tag{4-27}$$

$$=\frac{2\pi^2}{13\times2\times207^2}(\sqrt{6.52\times1.66}+0.46+2\times0.5)\times10^6$$

$$=84\ (\mathrm{MPa})$$

腹板横向屈曲荷载为：

$$F^{\mathrm{local}}{}_{\mathrm{cr}}=(\sigma_{\mathrm{y}})^{\mathrm{local}}{}_{\mathrm{cr}}A_{\mathrm{eff}} \tag{4-28}$$

$$=84\times(207\times13)\times10^{-3}$$

$$=226\ (\mathrm{MPa})$$

式中，A_{eff} 为腹板的有效面积。

（5）材料强度

由材料的拉伸强度、剪切强度、压缩强度计算构件的极限弯曲、剪切、局压承载力。

极限弯曲承载力为：

$$M_{\mathrm{cr}}{}^{\mathrm{comp}}=\sigma_{\mathrm{Lc}}\frac{I_{\mathrm{x}}}{d/2} \tag{4-29}$$

$$=249\times\frac{82751985}{110}\times10^{-6}$$

$$=187.3\ (\mathrm{kN\cdot m})$$

$$M_{cr}^{tens}=\sigma_{LT}\frac{I_x}{d/2} \tag{4-30}$$

$$=296\times\frac{82751985}{110}\times10^{-6}$$

$$=222.7\ (\text{kN}\cdot\text{m})$$

剪切承载力为：

$$V_{cr}^{local}=\tau_{cr}^{local}\times A_{web} \tag{4-31}$$

$$=84.4\times13\times2\times220\times10^{-3}$$

$$=482.8\ (\text{kN})$$

局压承载力为：

$$F_{cr}^{crush}=(\sigma_y)_{cr}^{local}A_{eff} \tag{4-32}$$

$$=84\times13\times2\times207\times10^{-3}$$

$$=452.1\ (\text{kN})$$

3. 容许应力确定

根据 ASD 计算理论，对弯曲、压缩、剪切验算，安全系数分别取值为 2.5、3.0、3.0，则可得到构件的各容许承载力，见表 4-4。

构件的容许承载力 表 4-4

类型	$\sigma_{极限}$（MPa）	安全系数	$\sigma_{容许}$（MPa）
整体屈曲	267	2.5	106.8
翼缘局部屈曲	420.5	2.5	168.2
翼缘拉伸破坏	296	2.5	118.4
翼缘压缩破坏	249	2.5	88.9

续表

类型	$\sigma_{\text{极限}}$（MPa）	安全系数	$\sigma_{\text{容许}}$（MPa）
腹板横向屈曲	84	3.0	28
腹板横向压缩破坏	70	3.0	23.3
腹板剪切屈曲	84.4	3.0	28.1
腹板剪切破坏	31.4	3.0	10.5

4. 构件强度及稳定性验算

构件强度和稳定性验算见表 4-5。

构件的容许承载力和设计荷载比较　　**表 4-5**

类型	σ（MPa）	vs.	$\sigma_{\text{容许}}$（MPa）
整体屈曲	83.08	<	106.8
翼缘局部屈曲	83.08	<	168.2
翼缘拉伸破坏	83.08	<	118.4
翼缘压缩破坏	83.08	<	88.9
腹板横向屈曲	4.83	<	28
腹板横向压缩破坏	4.83	<	23.3
腹板剪切屈曲	21.85	<	28.1
腹板剪切破坏	21.85	>	10.5

已有的理论研究和试验研究结果表明，FRP 薄壁构件在弯曲荷载作用下通常是失稳破坏，轻质高强的特性往往得不到充分发挥。表 4-5 理论分析结果表明，双腹板 GFRP 构件稳定性良好，其极限承载力状态主要是腹板的剪切破坏。在腹板剪切强度验算中，面内剪切强度实际上是厂家提供的层间剪切强度，因此验算结果偏于保守。

基于理论分析研究结果，即向厂家建议在 GFRP 构件的生产工艺上，通过材料组分的选择和纤维铺设工艺的改进，适当地提高构件的剪切强度以及层间剪切模量。

4.2 双腹板工字形 GFRP 腰梁的制作成型及静载试验

4.2.1 腰梁试件制作成型

最终新型 GFRP 腰梁由合作厂家南京建辉复合材料有限公司生产，构件截面如图 4-3 所示，构件长 4m，重约 90kg。GFRP 腰梁构件制作采用拉挤成型工艺,材料由 E 玻璃纤维和不饱和聚酯树脂组成，纤维含量不少于 65%，其中纤维增强体为 5 层玻纤纱和 6 层玻璃纤增强毡，均为纵向铺设；图 4-4 为产品的加工成型过程及最终产品。

（a）一次拉挤成型生产过程

（b）原材料：无碱玻璃纤维纱

（c）原材料：无碱玻璃纤维毡

（d）新型 GFRP 构件模具

图 4-4 GFRP 产品的成型及最终产品（一）

（e）拉挤成型双腹板工字形截面 GFRP 产品

图 4-4　GFRP 产品的成型及最终产品（二）

4.2.2　试验装置和测试内容

为了研究 GFRP 构件机械连接的受力特点，试验研究了两种类型的构件：无拼接和有拼接的 GFRP 梁。试验在 5000kN 长柱压力试验机上进行，构件长 2m，两端简支，净跨 1.8m。试验加载及测点布置同前述试验，如图 3-7 所示，荷载的施加采用 1000kN 传感器配合静态电阻应变仪来进行控制和记录。正式加载前对构件先进行预加载。

从 GFRP 构件翼缘和腹板处截取部分试样作为拼接构件的拼接板。图 4-5 和图 4-6 为试验梁拼接断面示意图和拼接区详图。拼接点位于试验梁跨中位置。

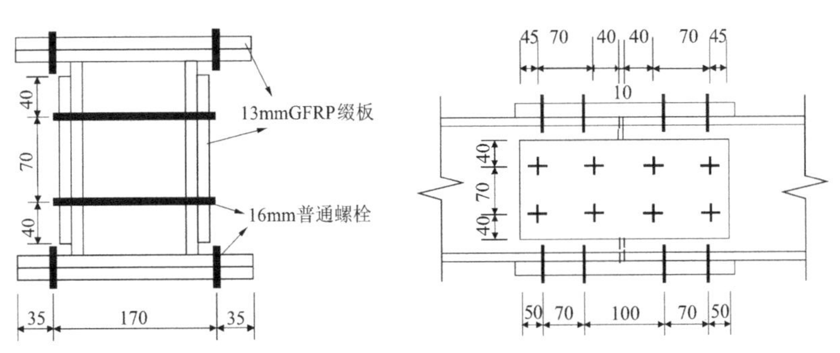

图 4-5　试验梁拼接断面示意图（mm）　图 4-6　试验梁拼接区详图（mm）

4.2.3 加载破坏现象

（1）无连接试验梁

试验结果表明，双腹板 GFRP 梁的破坏是翼缘板屈曲破坏。试验开始阶段，构件变形随荷载增加呈线性变化，当数据显示荷载加到 600kN 时，构件发出响声，观察外观无破坏痕迹；继续加载到 690kN 时，构件突然发出一声巨响，先是观察到构件在加荷点之间的上翼缘产生屈曲破坏，随即和上翼缘连接处的腹板因失去支撑产生屈曲破坏，腹板和翼缘连接处出现面层剥离、鼓起，如图 4-7（a）所示。试验结束，卸荷，构件随即恢复原状态，如图 4-7（b）所示。构件变形稳定后，检查构件其他位置无白斑和层间剥离现象。

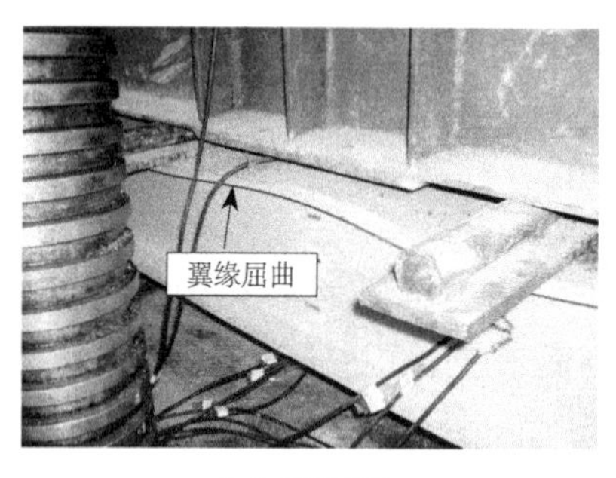

（a）加载破坏

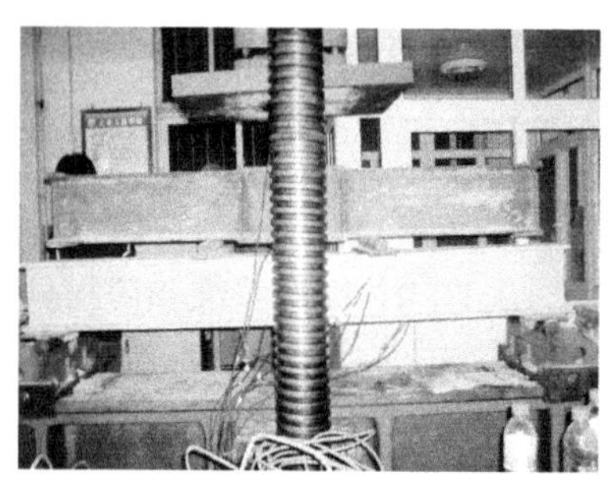

（b）卸载后恢复变形

图 4-7 无连接 GFRP 试验梁的破坏模式

（2）拼接试验梁

对拼接试验梁，当荷载增加到 860kN 时，在腹板的拼接板上边缘连接螺栓处观察到表层出现剥离，荷载继续增加，剥离裂隙沿着上排螺栓发展；当荷载增加到 1000kN 时，此时观察到拼接板上的剥离裂隙从边缘位置发展到拼接板的中心处，如图 4-8 所示，停止加荷。

图 4-8　螺栓连接 GFRP 梁的破坏

4.2.4　试验结果与分析

图 4-9 是荷载 - 跨中挠度曲线。可以看出，双腹板 GFRP 梁破坏前为弹性工作阶段，破坏为翼缘的局部压曲进而引起腹板局部屈曲破坏。对拼接试验梁，虽然钻孔螺栓排列方式可能对梁的受力有影响，但荷载 - 挠度曲线仍近似为一条直线。

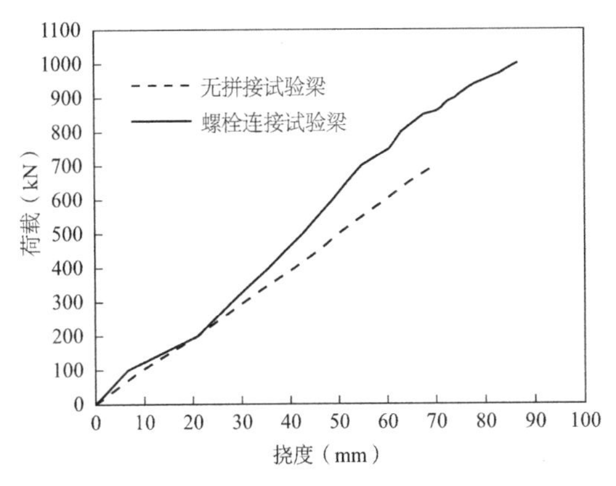

图 4-9　双腹板 GFRP 梁荷载—跨中挠度曲线

由试验数据根据欧拉—伯努利理论计算双腹板 GFRP 梁的弹性模量为 36.5GPa，如果考虑剪切变形的影响，则双腹板 GFRP 梁的弹性模量可达到 40GPa 以上。双腹板工字形截面梁的截面面积和先前试验采用的双拼槽形梁截面面积大致相等，但其极限承载能力却是双拼槽形梁的 7 倍。当试验梁达到极限状态时，截面最大应力为 183MPa，是 GFRP 纵向抗拉强度的 62%，纵向抗压强度的 73%（容许压缩承载力的 205%），说明材料的强度特性得到了充分发挥。试验结果还表明，采用螺栓连接可使试验梁的刚度提高 17.9%。

4.3 双腹板工字形 GFRP 腰梁的徐变试验

纤维增强复合材料（FRP）的徐变是指在持续荷载作用下，纤维增强复合材料应变随时间而增长的现象。由于复合材料的黏弹性和徐变特性，将使持续承载的复合材料构件的弹性模量随时间降低，变形会大大地增加，导致复合材料结构的安全性和可靠性降低。在基坑支护中，腰梁作为传递围护结构和锚杆之间连接的构件，受到持续荷载的作用，其材料的徐变除了将导致围护结构变形的持续增加，还将造成锚索预应力的损失，使锚杆拉力无法有效地传到桩体上，对支护的长期效果产生一定的影响作用。所以，对 GFRP 腰梁进行长期荷载下徐变变形的试验研究，对评价其工程可行性具有重要意义。

FRP 材料应用于土木工程中已有 40 余年，其长期性能一直是很多工程师十分关心的问题。目前有关 FRP 筋材、片材徐变已有一些试验及理论研究成果，但有关 GFRP 拉挤型材徐变性能的研究成果较少，可借鉴的试验数据也不多见。

4.3.1 FRP 徐变性能研究现状

徐变是材料在荷载作用下的流变性质，反映了其内在的黏弹性特点。由于大多数聚合物具有黏弹性，因此很多纤维增强聚合物基复合材料亦存在时间依赖性和徐变断裂性能。复合材料的黏弹性和温度相关，随着温度的升高，基体的稳定性降低，从而会导致材料整体力学性能的降低（虽然高性能增强体本身具有高的耐热稳定性），其徐变变形会大大地增加，使复合材料结构的安全性和可靠性降低。

研究表明，纤维增强复合材料的徐变特性取决于基体的蠕变性能、纤维稳定性、纤维减轻基体所受直接荷载的程度，纤维和基体的界面特性等因素，其徐变特性非常复杂。因此，尽管目前已有多种理论模型，如 Maxwell 模型、自洽模型等预测复合材料的徐变行为，但其理论成果与实际情况相差较大。近年来，徐变试验研究开始受到普遍关注。

Lifshitz 和 Rotem 在 1972 年发现室温条件下 GFRP 的强度损失很快，对纤维体积分数 60% 的单向玻璃纤维聚酯复合材料，长期荷载水平作用下在 50% 拉伸强度应力条件下发生破坏，而单向玻璃纤维环氧树脂复合材料在 70% 拉伸强度应力条件才出现同样的情况。

由于 FRP 的徐变特性，FRP 构件的弹性模量将随时间而降低。目前为预测 FRP 构件的长期变形，在变形计算公式中采用了时间效应的黏弹性模量和黏弹性剪切模量取代常规的“瞬时”弹性模量和剪切模量，如式（4-33）、式（4-34）所示：

$$E_{L}^{v}(t)=\frac{E_{L}E^{t}{}_{L}}{E^{t}{}_{L}+E_{L}t^{n_{e}}}=\frac{E_{L}}{1+(E_{L}/E^{t}{}_{L})t^{n_{e}}} \tag{4-33}$$

$$G_{LT}^{v}(t)=\frac{G_{LT}G^{t}{}_{LT}}{G^{t}{}_{LT}+G_{LT}t^{n_{g}}}=\frac{G_{LT}}{1+(G_{LT}/G^{t}{}_{LT})t^{n_{g}}} \tag{4-34}$$

式中，t 为时间（h）；E_{L}^{v}（t）、G_{L}^{v}（t）分别为黏弹性模量和黏

弹性剪切模量；$E_L^t(t)$、$G_{LT}^t(t)$ 为徐变模量；n_e、n_g 为徐变速率指数。徐变模量、徐变速率指数对给定材料其值是常数，对弯曲构件，表 4-6 给出如下建议值。

拉挤型材徐变常数　　表 4-6

持续荷载类型	E_L^t（GPa）	n_e	G_{LT}^t（GPa）	N_g
弯曲荷载	1241	0.3	186	0.3

4.3.2 试验装置及测试方案

试验梁呈简支状态，长为 3m，净跨为 2.7m。试验采用 500kN 手动千斤顶加载，然后通过分配梁和置于梁上的两根 200kN 弹簧装置对试验梁进行三分点对称加载。试验前对弹簧进行标定，得到荷载和弹簧变形曲线，试验过程依靠弹簧反力维持徐变荷载的恒定。测试内容包括支座沉降、跨中挠度，跨中截面处腹板上下边缘的应变。跨中截面应变采用 YB25 型手持应变仪（标距 250mm）量测后换算得到。为了减小温差的影响，变形测量时尽可能在同一时段。GFRP 腰梁弹簧式徐变加载装置如图 4-10 所示。

图 4-10　试验梁徐变加载装置

本次徐变试验中通过千斤顶施加荷载为 285kN，两弹簧受荷分别为 142.5kN，相应地，试验梁跨中截面最大应力为 170.5MPa，约为材料抗拉强度的 60%。

4.3.3　试验结果与分析

（1）跨中截面应变徐变

对双腹板 GFRP 梁跨中截面应变徐变值进行了 60d 的观测，图 4-11 是跨中截面下边缘处的徐变应变时程曲线。从图中可以看出，GFRP 梁跨中截面应变在加载初期发展较快，前 20d 的徐变应变约占总徐变的 85% 左右；随着时间发展，徐变发展速度趋缓，达 50d 时，应变徐变值趋于稳定。

（2）挠度徐变

GFRP 梁跨中挠度时程曲线如图 4-12 所示。从图中可以看出，实测试验梁跨中挠度随时间变化趋势与跨中截面下边缘处的应变变化相似，试验梁在加荷 60d 左右变形趋于稳定，60d 最终变形量约为 45mm。

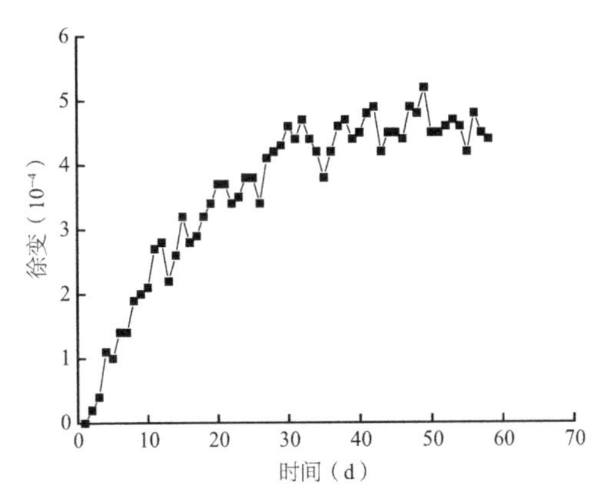

图 4-11　双腹板 GFRP 梁跨中截面徐变应变时程曲线

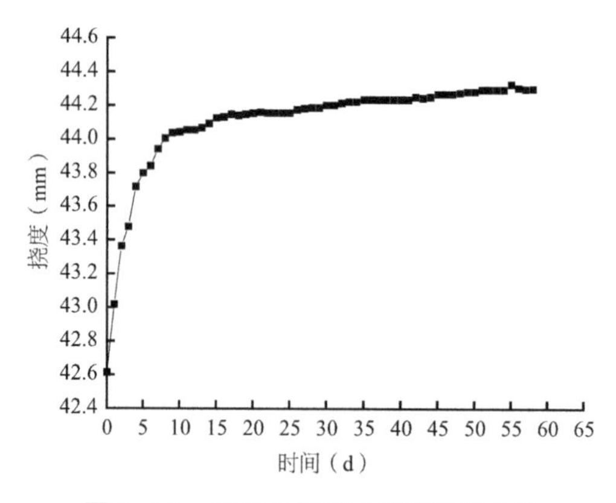

图 4-12　GFRP 梁跨中挠度时程曲线

表 4-7 和表 4-8 是根据式（4-33）、式（4-34）对 GFRP 梁的徐变进行计算的结果，可以得出理论计算结果大于实测值。

双腹板工字形 GFRP 梁长期荷载作用下的纵向弹性模量和剪切模量　表 4-7

	初始值	5d	15d	30d	60d	90d	180d	365d
E_L	35.4	31.6	30.3	29.4	28.3	27.5	26.2	24.7
G	2.74	2.58	2.52	2.47	2.42	2.39	2.32	2.24

双腹板工字形 GFRP 梁长期荷载作用下变形　表 4-8

	初始值	5d	15d	30d	60d	90d	180d	365d
δ_{max}（mm）	43.9	48.6	50.5	51.9	53.7	55.1	57.6	60.86

4.4　GFRP 腰梁连接设计

在基坑支护中，腰梁是支护系统的组成部分，其主要作用是承受并传递支撑力，同时将挡土结构与支撑系统连成整体。因此，实际工程中结合当地经验一般要求设置腰梁连接，以增加支护体系的整体稳定性。目前，传统钢腰梁的连接主要是通过钢板、钢筋现场焊接连接，但对腰梁节点处的构造要求，规范无明确规定。

目前，FRP 构件的连接方法包括机械连接、胶结连接、联锁式连接以及上述连接方式的组合式连接等（详见 1.3.2）。虽然胶结连接在土木工程中扮演着越来越重要的作用，但在承力的拉挤型 FRP 结构构件连接应用上却受到限制。机械连接，包括螺栓连接、铆接等是目前拉挤成型 FRP 构件最主要的连接形式。

在基坑支护工程中，对 GFRP 腰梁的连接设计除了要满足构件的刚度和强度要求外，还应满足现场施工简单、能快速安装并可拆卸的要求。因此，虽然在 4.2 中 GFRP 构件静载试验结果表明，采用螺栓连接可提高 GFRP 构件的刚度和极限承载力，但采用螺栓连接，需要现场钻孔，并且对连接件、拼接板钻孔的间距有精确的要求。显然，螺栓连接并不是 GFRP 腰梁适宜的连接方式。

根据腰梁现场连接的要求和施工特点，本书提出两种套筒式连接方案：内置式和外置式套筒连接，如图 4-13 所示，套筒采用钢板焊接而成，钢板厚度为 4mm，内外套筒长度均为 50cm。

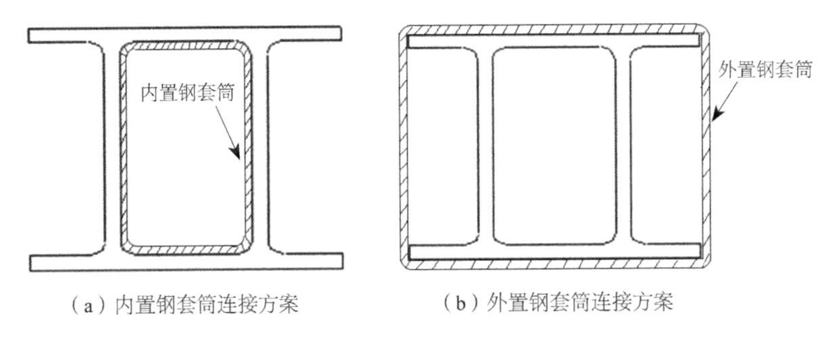

（a）内置钢套筒连接方案　（b）外置钢套筒连接方案

图 4-13　GFRP 腰梁连接比选方案

4.5 GFRP 腰梁连接试验与有限元分析

4.5.1 试验研究

对两种套筒连接进行两点对称加载试验，试验梁采用简支形式，跨度为 1.8m，整个构件长度为 2m，节点在跨中位置。在上翼缘两点对称加载，加载点的间距为 1.0m。试验在 5000kN 长柱压力试验机上进行。图 4-14 为外套筒连接试验装置，测试内容包括支座沉降、跨中挠度、极限破坏荷载等。

图 4-14 GFRP 梁连接装置

试验过程表明，对方案 1 内置套筒连接，当荷载加到 30kN 时，构件和套筒之间即产生滑移，节点处上翼缘相互挤压，当荷载增加到 60kN 时，节点处上翼缘产生压曲破坏，如图 4-15（a）所示。对方案 2 外置套筒连接，当荷载增加到 40kN 时，套筒一侧的焊接缝处产生开裂破坏，如图 4-15（b）所示。对方案 1 分析其破坏的原因，主要是构件和套筒之间缝隙的影响。虽然构件安装过程中插入防滑垫等试图消除缝隙，但套筒和构件之间的摩擦阻力的发挥还是受到很大的影响。对方案 2，除了构件和套筒之间缝隙的影响外，套筒的焊接制作质量是另一影响因素。

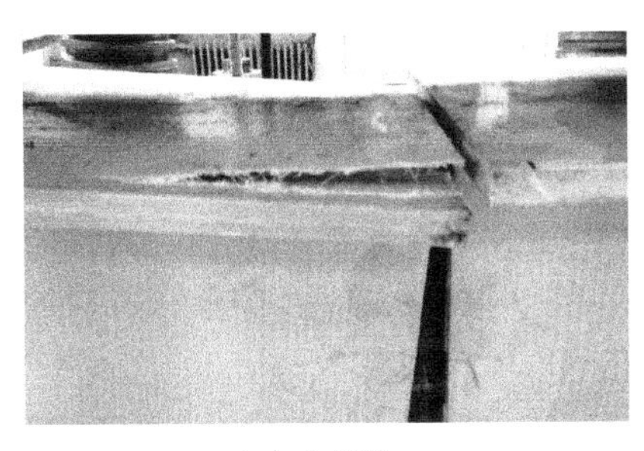

（a）内套筒

（b）外套筒

图 4-15　两种连接方案试验破坏形式

4.5.2　有限元分析

利用有限元软件 ABAQUS 建立了 GFRP 腰梁两种不同连接方式的三维模型，对构件不同连接方案的受力状态进行分析。

GFRP 模型梁长度为 2m，采用简支支座，跨度为 1.8m，加载方式同室内试验。GFRP 梁的弹性参数见表 4-2，钢套筒为各向同性材料，弹性模量为 206GPa，泊松比为 0.25，套筒和 GFRP 摩擦接触，摩擦系数设为 0.2。

模拟计算了当对称加载 P 为 25kN 时两种连接方案的变形及应力分布。图 4-16 为两种构件的竖向（Y 方向）变形图，根据对称性，以跨中为对称面取构件的一半绘制。从图中可以看出节点处竖向变形最大，而且方案 1 的节点变形远小于方案 2，说明采用内置套筒连接的构件整体刚度明显大于外置式钢套筒连接构件。

图 4-17 为构件跨中截面变形，可以看出两种构件横向变形明显，但两种连接方案有着不同的受力机理：方案 1 中内套筒控制构件的变形，构件上翼缘上凸，两腹板侧凸，而套筒的侧板则内凹；方案 2 中构件控制套筒的变形，构件的上下翼缘内凹，腹板侧凹；而外套筒下面板内凹，上面板上凸，两侧板外凸。

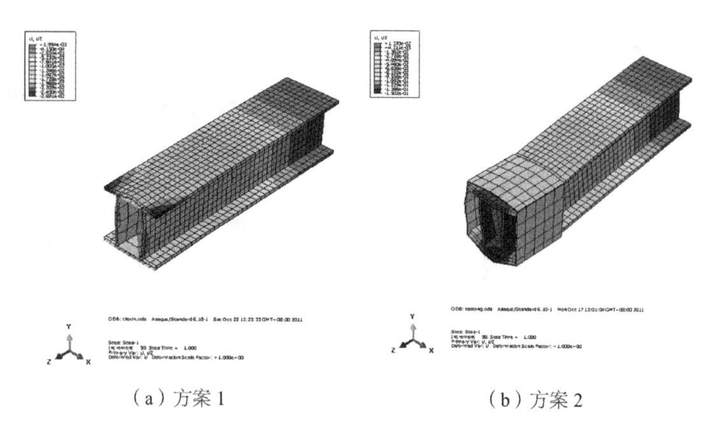

（a）方案 1　　（b）方案 2

图 4-16　两种连接方案的变形云图

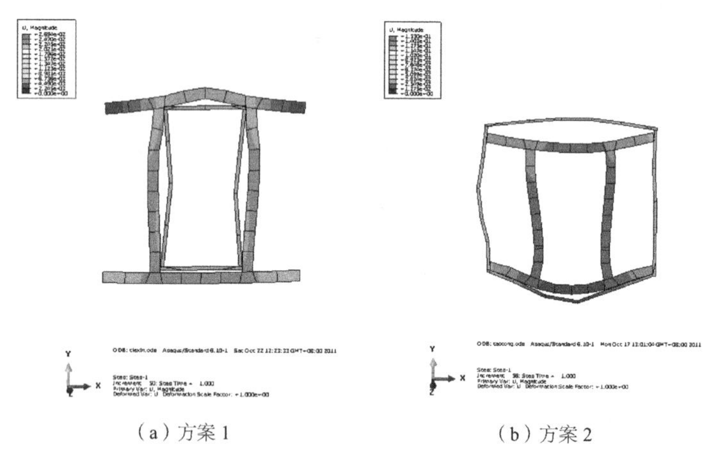

（a）方案 1　　（b）方案 2

图 4-17　两种连接方案截面变形

图 4-18 ～图 4-21 为构件应力云图，由应力云图可比较两种连接方案的极限状态，如表 4-9 所示。可以看出，由于横向变形，两种连接方案的上翼缘会产生较大的弯曲应力，而构件的横向拉、压强度较低，从而可能导致上翼缘局部破坏；构件另外一种破坏形式可能是腹板的面内剪切破坏。

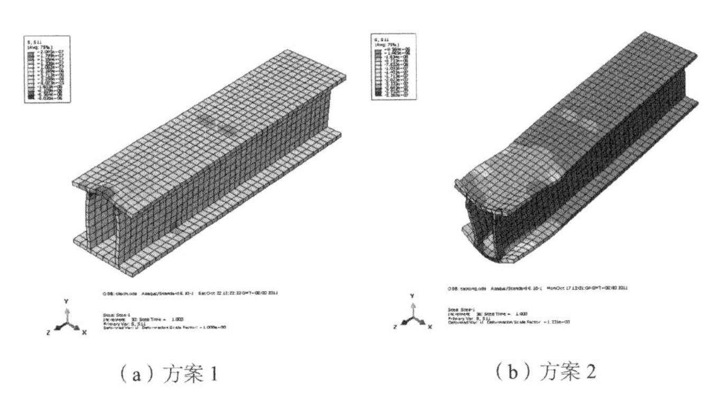

（a）方案 1　　（b）方案 2

图 4-18　两种连接方案 σ_1 应力

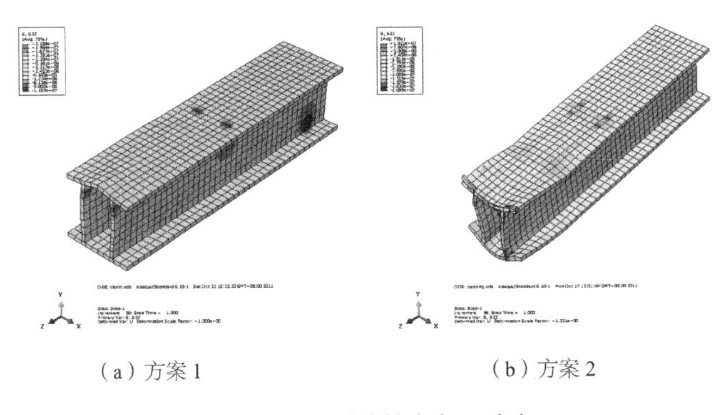

（a）方案 1　　（b）方案 2

图 4-19　两种连接方案 σ_2 应力

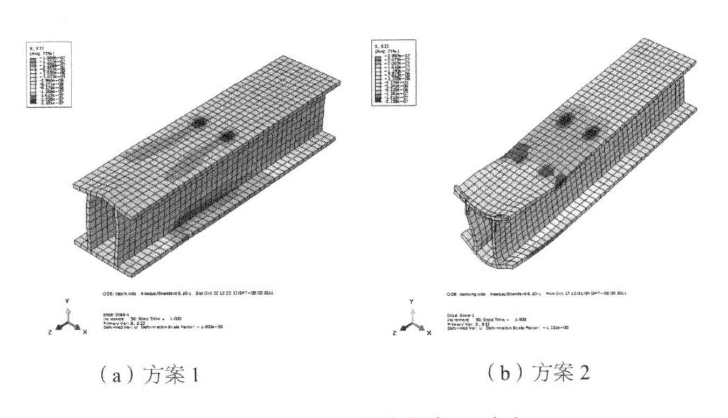

（a）方案 1　　（b）方案 2

图 4-20　两种连接方案 σ_3 应力

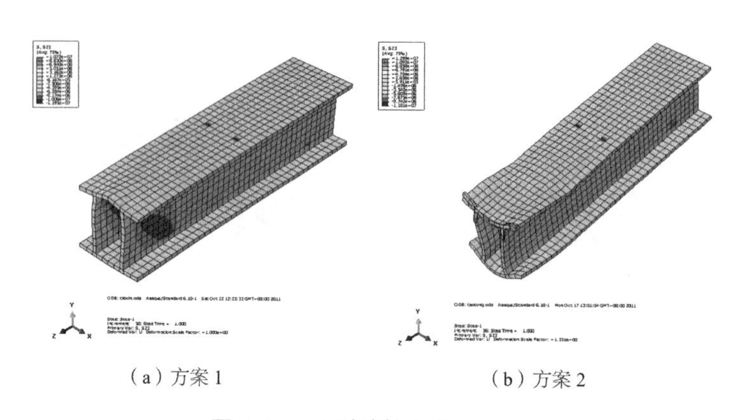

（a）方案 1　　（b）方案 2

图 4-21　两种连接方案 τ_{23} 应力

两种连接方案有限元分析结果比较　　表 4-9

类型	$\sigma_{容许}$（MPa）	$\sigma_{方案1}$（MPa）	$\sigma_{方案2}$（MPa）
翼缘局部屈曲	86.7	22.8	22.7
翼缘拉伸破坏	118.4	16.9	29.0
翼缘纵向压缩破坏	88.9	22.8	22.7
翼缘横向压 / 拉破坏	23.3/16.7	20.8（拉）	32.7（压）
腹板横向屈曲	28	11.9	21.0
腹板横向压缩破坏	23.3	12.0	11.8
腹板剪切屈曲	28.1	12.0	11.8
腹板剪切破坏	10.5	12.0	11.8
节点变形		2.93 cm	15.02 cm

综合有限元研究和试验研究结果，可以得出方案 1 构件变形小，节点的承载力较高，现场施工安装方便，应是 GFRP 腰梁构件现场连接选择的较佳方案。

第5章 新型GFRP腰梁施工工艺及现场试验研究

本章通过青岛地区某基坑工程实践，对新型双腹板GFRP腰梁施工工艺进行了研究。为研究复合材料腰梁工作机理和工程适用性，采用对比试验方法，对传统型钢腰梁段和新型复合材料腰梁段锚索预应力损失情况进行监测，评价复合材料腰梁对基坑边坡支护稳定性的影响。

目前GFRP材料在工程中主要用于结构加固等方面，用作纯结构构件进行基坑支护尚属首例。

5.1 工程概况

本次试验场地选择了位于青岛市四方区的水清沟住宅改造项目B地块西区，拟建工程主要有5栋高层住宅，1座超市，1座地下车库及若干商铺，基坑支护周长约630m，基坑开挖深度6.5 ~ 8.4m，基坑支护平面示意图如图5-1所示。

场区地形平缓，为水清沟河一级阶地地貌。场区第四系为全新统填土层、全新统洪冲积层、上更新统洪冲积层，基岩为燕山晚期花岗岩，穿插煌斑岩。场地土层组成及参数见表5-1。

场地土层参数　　表 5-1

土层名称	层厚	重度	黏聚力	内摩擦角	与锚固体的极限摩阻力
	(m)	(kN/m^3)	(kPa)	(°)	(kPa)
①$_{-1}$杂填土	2.1	19.0	15	10	20
②粉质黏土	5.6	18.0	18.8	15.4	40
③粗砂	3.1	14.5	0	35	150
④强风化岩	0.7	20.0	300	35	200
⑤中风化岩	6.5	20.0	400	40	400

场区地下水类型主要为孔隙潜水，主要接受大气降水及水清沟河补给，另外还有基岩裂隙水，赋存于基岩风化带中。地下水位埋深 1.00 ~ 3.50m。

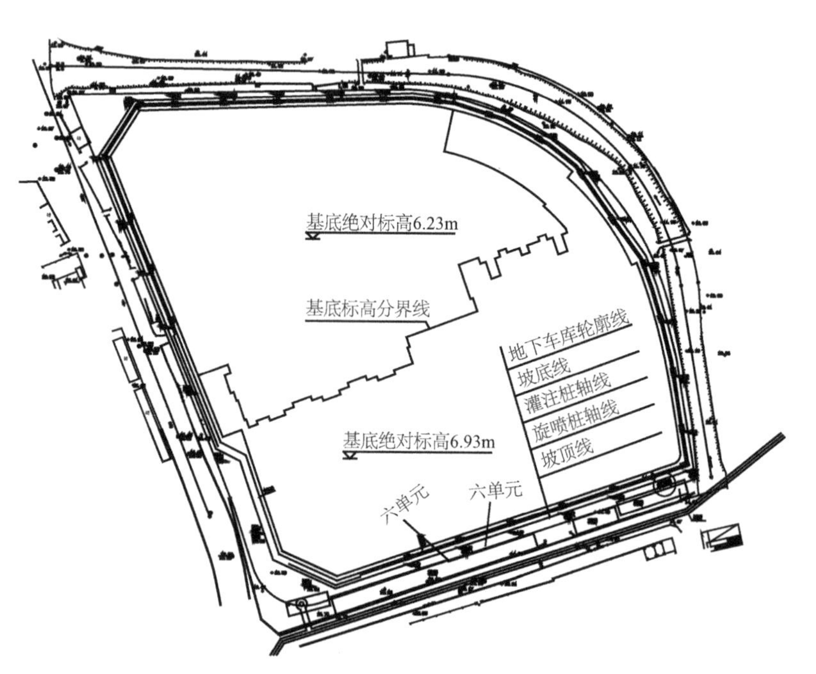

图 5-1　基坑支护平面图

本工程试验点位于该基坑南侧的六单元区域，见图 5-1。该段地下车库外墙轮廓线距离现状围墙 9m，围墙外侧为德安路人行道，德安路下有人防工程干道，宽 2.0m，高 2.2m，底标高 7.03 ~ 8.7m，地下车库轮廓线距离人防干道约 15m。

基坑支护采用桩锚支护工艺，图 5-2 为本单元支护系统剖面图。护坡桩采用嵌岩灌注桩，桩径 600mm，桩间距 1000mm，桩采用 C25 级混凝土，灌注桩桩顶设置钢筋混凝土冠梁；止水帷幕采用高压旋喷桩，直径 1200mm，桩间距 1000mm，桩端进入基岩面以下至少 0.1m,图 5-3 为桩位平面布置图。在第六单元共设置两道预应力锚杆，均为一桩一锚，第一道锚索（MG1）在距基坑底面约 5.5m 处设置，第二道锚索（MG2）设置在距基坑底面 2.5m 处，锚杆采用钻孔注浆工艺，具体参数见表 5-2。每道锚索端部均设有腰梁。第一道腰梁为现浇混凝土腰梁，混凝土强度等级为 C25；第二道腰梁由双拼 22b 槽

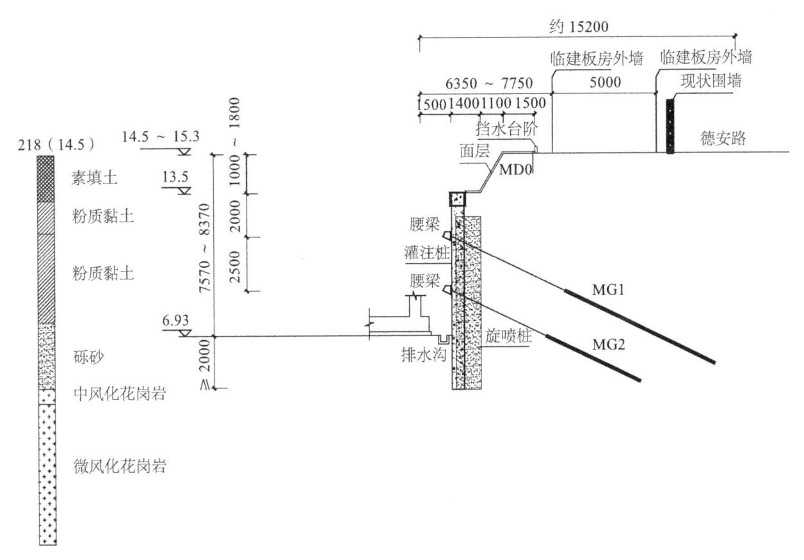

图 5-2　基坑六单元剖面图

钢与钢缀板现场焊接完成。在六单元最西侧选取一段长 48m 区域为本次现场试验段，在第二道腰梁处采用新型 GFRP 腰梁取代钢腰梁。图 5-4 为钢腰梁和 GFRP 腰梁截面示意图。

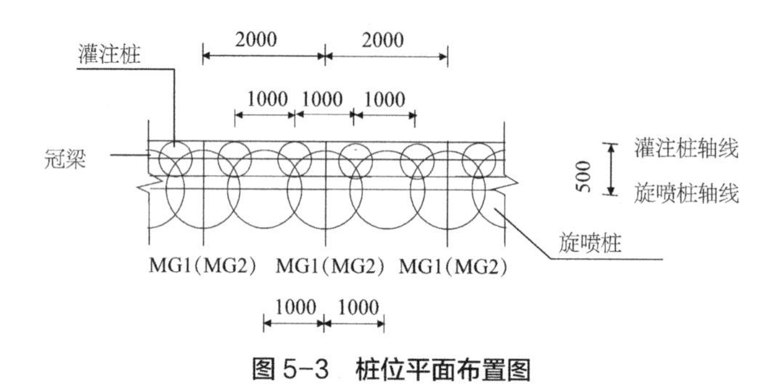

图 5-3 桩位平面布置图

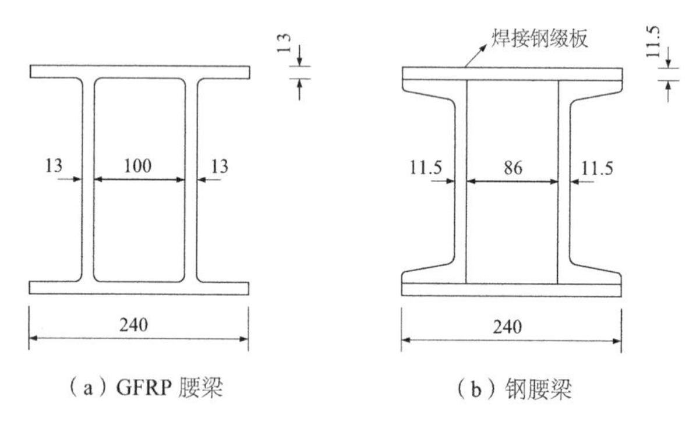

图 5-4 GFRP 腰梁和钢腰梁截面示意图（单位：mm）

工程自 2011 年 3 月开工，2011 年 9 月底完成全部施工内容，复合材料腰梁安装于 2011 年 4 月底完成，由于种种原因，下部 2.5m 地基土层的开挖是从 2011 年 6 月开始，到 7 月初基坑开挖至设计标高。

5.2 GFRP腰梁施工关键技术

在本试验区共计60m，腰梁包括两种形式：传统钢腰梁和新型复合材料腰梁。复合材料腰梁段位于六单元最西侧，一端连接钢腰梁，另一端紧邻基坑转角，而另一侧基坑采用全粘结锚杆与钢筋网支护形式，未设置腰梁。复合材料腰梁由南京建辉复合材料有限公司生产的双腹板工字形GFRP构件制作，构件长度为4m，重约90kg。复合材料腰梁现场连接采用内置式套筒连接工艺，套筒采用钢板焊接制作，套筒长为40cm，钢板厚度为4mm，如图5-5所示。施工前检查钢板焊接必须满焊且满足规范要求。复合材料腰梁施工工艺流程见图5-6。

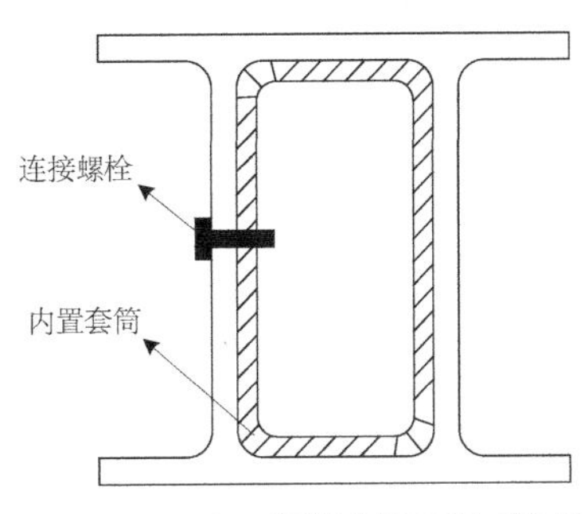

图5-5 GFRP腰梁内置套筒式连接

5.2.1 施工准备

（1）场地平整

腰梁施工前，将场地平整成宽度不小于10m的施工平台，通水、通电、通路。

（2）锚索间距及角度测量、编号

锚索间距及角度的精准测量是复合材料腰梁现场安装施工最关

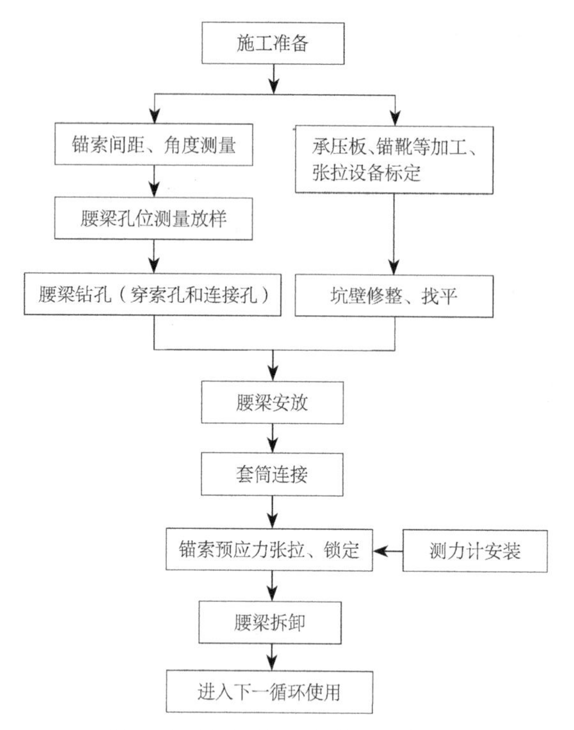

图 5-6 复合材料腰梁施工工艺流程

键的工序。锚索间距测量误差大，将导致现场腰梁安装困难甚至无法安装；而锚索角度测量误差将造成锚索、锚具、腰梁传力不合理，使锚孔锚固端位置发生变化，造成有效锚固力下降。将锚索逐一编号。锚杆间距采用钢卷尺测量，为了保证精度要求，采用往返测量方法。采用锚杆水平倾角测量仪对锚杆角度进行测量。

（3）腰梁孔位放样

腰梁孔位包括与套筒连接孔和与锚索连接孔。根据本工程工况，即锚杆水平间距为 2.0m，将复合材料腰梁连接点选取在两锚杆中间。根据上一步的测量结果，在复合材料腰梁前后翼缘进行锚索连接孔孔位放样。在距梁端 20cm 处设为与套筒连接孔。

（4）腰梁钻孔

将腰梁按钻孔编号依次摆放，并检查底面是否平整。腰梁与锚索连接孔采用磁力钻机，钻头为中空型，钻头外径为 50mm，钻孔前应垫实钻机底座。与套筒连接孔采用手持钻，孔径为 20mm。

（5）承压钢板、锚靴加工、张拉设备标定

张拉所用的千斤顶、压力表用前必须标定或检验。

（6）基坑壁整平

为保证锚索张拉后腰梁不发生扭转、失稳，使锚索受力合理地传递给围护结构、减小预应力损失，腰梁安放前人工修正混凝土护坡桩桩身，保证桩身外皮平齐。

5.2.2 腰梁安放

腰梁采用人工安放。安装时腰梁内侧面应密贴排桩，必要时可用垫板或其他填充材料进行找平。先将腰梁抬至坑壁前摆放，检查腰梁前后翼缘孔号是否和锚索编号相对应。两名工人将腰梁两端抬起，使锚索穿过腰梁前、后翼缘钻孔。腰梁安装后应检查腰梁与排桩、垫板间是否为平面接触，不允许点接触。

5.2.3 腰梁连接

腰梁沿水平方向是连续的，腰梁的连接采用内置套筒连接。将钢套筒放入已经安好的腰梁一端，移动套筒筒身，使套筒的连接孔和腰梁连接孔对应，插入连接螺栓，使套筒定位，按照 5.2.2 的安放要求，将连接腰梁分别穿过套筒、锚索。

5.2.4 锚索预应力张拉

（1）预张拉

当锚索注浆体强度达到设计强度 80% 且腰梁安装完成后，即可进行张拉。锚索张拉由一套专用设备完成，即由操纵箱、穿心钢索千斤顶及锚具组成。张拉由专人操作、观测和记录，并绘制荷载 - 位移曲线。张拉前将锚索、腰梁清理干净，再依次套入锚压板、锚靴、千斤顶，自动工具锚。预应力锚杆张拉前，应取 20% 的设计张拉荷载预拉，使其各部位紧密接触，杆体完全平直。当锚头发生微小偏心时需要用球座、楔形板来进行调整。

（2）分级张拉

锚杆张拉顺序应考虑对邻近锚杆的影响，采用隔二拉一。锚索张拉应力分六级施加，分别为设计拉力的 0.1、0.25、0.5、0.75、1.0、1.1，逐级增加至超张荷载。前五级荷载稳定时间为 5min，最后一级荷载为 15min。锚索张拉力一般用压力表读数来控制，同时用测力计及钢绞线的伸长值作为辅助。张拉过程中记录油泵压力表读数，同时量测千斤顶活塞伸长量。当钢绞线理论伸长值与实际测量值误差太大时，张拉暂停，查明原因并采取相应措施后，才可继续张拉。

（3）锁定

锚杆应张拉至设计荷载的 105%，再控制应力稳定于设计值的 0.8 倍左右，按规定值锁定。张拉锁定时报监理和质检部门现场签认。张拉到位后先进行锁定，切割多余钢绞线。切割钢绞线时严禁氧割和电割。为防止滑脱，外余的锚头钢绞线长度应大于 10cm。锚杆先补浆，然后采用 C25 混凝土进行封锚，封锚混凝土厚度不得小于 20mm，并养护。

5.2.5 腰梁拆卸

腰梁拆卸时，应根据地下室主体施工进度分步进行。当结构楼板的设计强度达到一定强度时，逐渐松动锚具，切断锚索，完成腰梁的拆卸。

图 5-7 ~ 图 5-14 为腰梁工程施工现场图片。

图 5-7　腰梁安装前的测量定位

图 5-8　腰梁的钻孔

图 5-9　GFRP 腰梁的人工搬运

图 5-10　腰梁的安放

图 5-11 连接腰梁的钢套筒

图 5-12 预应力张拉设备安装

图 5-13 复合材料腰梁段

图 5-14 钢腰梁段

5.3 GFRP 腰梁锚索预应力损失规律研究

在一定范围内，通过预应力锚索可以改善基坑边坡土体的受力状态及物理力学性质，使基坑稳定性提高。但是一系列的原因，如开挖、岩土体的蠕变、锚索材料的应力松弛以及降雨等，会使锚索产生预应力损失，使基坑边坡加固效果受到影响。目前对锚索预应力的损失研究主要集中在锚索体系、岩土蠕变体以及环境因素对预应力变化的影响上，而对因腰梁刚度不足可能引起预应力变化的影响还未见相关报道。因此，结合水清沟基坑实践，本书采用对比试验方法，对传统型钢腰梁段和新型复合材料腰梁段锚索预应力损失情况进行监测，见图 5-15。通过对不同腰梁段锚索预应力监测数据进行分析，评价复合材料腰梁对基坑边坡支护稳定性的影响。

5.3.1 监测方案

在 48m 复合材料腰梁段内安装了两台锚杆测力计，标号分别为 38#、39#；作为对比性试验研究，在临近的双拼槽钢腰梁段同样安装了一台锚索测力计，标号为 40#。采用 MGH 型钢弦式锚索测力计，布设在锚头与腰梁之间，布置情况如图 5-15 所示。采用 ZX.12 振弦式频率读数仪采集数据，并根据频率与压力的率定关系推算锚索所受的压力值。测力计从 2011 年 4 月 24 日，即锚索张拉时即开始监测，至 2011 年 11 月 1 日，历时共 159d。

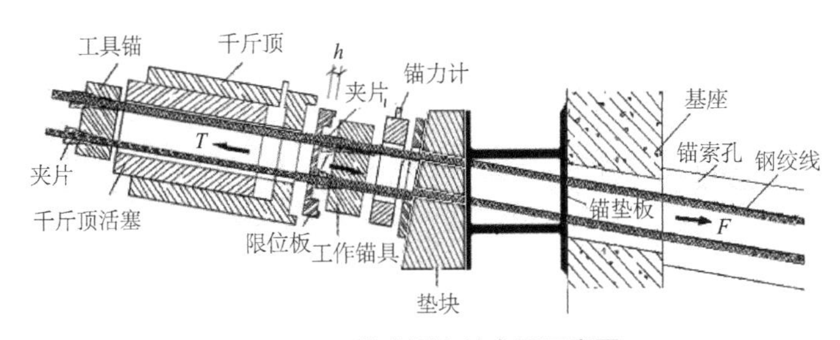

图 5-15　锚索测力计布置示意图

锚索施工过程的预应力损失可分为张拉过程中的损失、锁定损失和随时间的损失，锚索预应力损失为三者之和，可表示为：

$$\eta=\eta_z+\eta_s+\eta_t \tag{5-1}$$

式中，η 为总预应力损失率；η_z 为预应力张拉损失率；η_s 为预应力锁定损失率；η_t 为预应力随时间的损失率。

5.3.2 监测结果与分析

（1）预应力张拉损失

锚索张拉一般是按千斤顶油压表读数进行控制的，而在张拉过程中千斤顶油压表读数与锚索测力计读数常不一致，张拉损失率即为：

$$\eta_z = \frac{\text{千斤顶荷载}-\text{测力计荷载}}{\text{千斤顶荷载}} \times 100\% \tag{5-2}$$

表 5-2 为本工程试验段上基坑边坡锚索张拉预应力损失统计值，由此可得，复合材料腰梁段锚索预应力张拉损失率平均为 14.425%，而型钢腰梁段为 14%，两种材料腰梁段的锚索预应力张拉损失基本相同。

锚索预应力张拉损失 表 5-2

测力计编号	测力计荷载（kN）	千斤顶荷载（kN）	张拉损失率（%）
38#	200	235	14.89
39#	154.88	180	13.96
40#	154.82	180	14.0

（2）预应力锁定损失

锚索预应力锁定损失是指锚索张拉完成后，在千斤顶回油的瞬间，钢绞线向坡内弹性回缩而引起的预应力损失，锚索锁定损失率 η_s 可表示为：

$$\eta_s = \frac{\text{超张拉荷载}-\text{锁定荷载}}{\text{超张拉荷载}} \times 100\% \tag{5-3}$$

锚索预应力锁定损失大小主要由锚索回缩量决定，而锚索回缩量的大小与锚具夹片、腰梁的变形量有关。另外，锚索预应力锁定损失还与张拉施工人员在操作千斤顶回油卸荷时的快慢有关：卸荷太慢则锁定损失率较大；卸荷太快则有可能损伤夹片和钢绞线。

表 5-3 是锚索预应力锁定损失在复合材料腰梁段和钢腰梁段的比较。可以看出，复合材料腰梁段的锚索在锁定过程中预应力损失相对较小。

锚索预应力锁定损失　　**表 5-3**

测力计编号	锁定荷载（kN）	超张拉荷载（kN）	张拉损失率（%）
35#	166.8	200	16.6
39#	110	154.88	29.0
40#	102	154.82	34.1

在千斤顶加荷时，锚索受拉而腰梁受压，由于锁定损失主要是由于千斤顶卸荷后锚索回缩以及由回缩带动的锚具变形所致，因此当锚索回缩时，腰梁即产生与锚索回缩相应的变形，并向其提供反力补偿由于锚索回缩带来的应力损失。由于材料属性不同，复合材料腰梁的刚度远小于钢腰梁的刚度，因此，其卸荷后的回弹变形量要大于钢腰梁，其提供反力补偿由于锚索回缩带来的应力损失也相应地大于钢腰梁，由此表现出上述监测结果，即复合材料腰梁段锚索在锁定过程中预应力损失相对较小。

（3）预应力随时间的损失

锚索锁定后一段时间，可观察到锚索预应力随时间减小，一般最终可达到稳定状态。影响锚索预应力随时间损失的因素主要有岩体流变、钢绞线松弛、降雨及腰梁的徐变、施工振动等。预应力随时间的损失率 η_t 可表示为：

$$\eta_t = \frac{锁定荷载-测定荷载}{锁定荷载} \times 100\% \tag{5-4}$$

锚索预应力随时间的损失通常可分为预应力快速损失阶段、预应力缓慢损失阶段（或波动变化阶段）、预应力平稳变化阶段。这三个损失阶段随着工程地质条件的差异，其历时长短也不相同。

本工程试验段锚索预应力随时间的损失监测结果见表 5-4。图 5-16 为本示范工程段基坑边坡锚索预应力随时间变化的典型曲线。由于 38#、40# 锚索测力计在基坑开挖过程中受损，因此监测数据截止到 82d。

由表 5-4 可知，锁定 5d 后 GFRP 腰梁段预应力损失率为 8.48% ~ 9.87%，平均为 9.175%，型钢腰梁段为 14.71%。由此可见，GFRP 腰梁在张拉结束初期预应力快速下降阶段对预应力损失具有一定的补偿作用。锁定 82d 后，GFRP 腰梁段预应力损失率为 27.92% ~ 28.35%，平均为 28.13%，型钢腰梁段为 24.24%。对比可知，GFRP 腰梁受到持续荷载作用后，由于其材料的徐变将造成锚索预应力随时间的损失大于型钢腰梁段。对于复合材料腰梁段的 39# 锚索，130d 后预应力基本进入稳定变化阶段，截至 2011 年 11 月 1 日，即锁定 159d，39# 锚索预应力损失率为 29%。

锚索预应力随时间的损失 **表 5-4**

测力计编号	吨位（kN）	平均损失率（%）		
		5d	82d	159d
35#	166.8	9.87	28.35	
39#	110	8.48	27.92	29
40#	102	14.71	24.24	

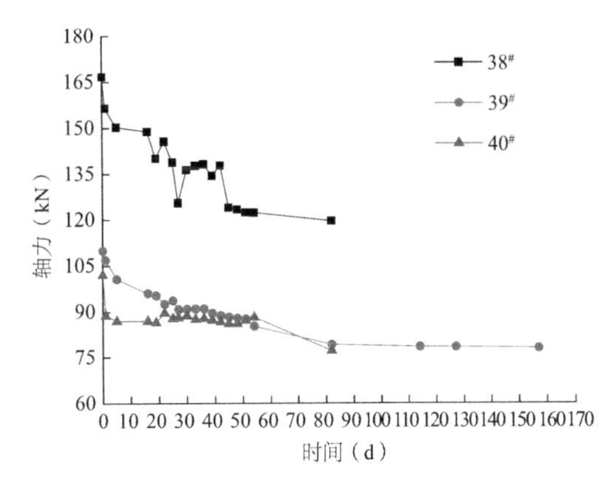

图 5-16　预应力锚索预应力随时间变化曲线

如图 5-16 所示，本工程试验段锚索预应力随时间变化特征表明，预应力快速损失阶段在约锁定后 0 ~ 5d；5 ~ 80d 是预应力波动阶段；80d 后锚索预应力和本工程段基坑边坡开挖工况相对应：本试验腰梁段施工完成于 2011 年 4 月底，由于种种原因，下部 2.5m 地基土层的开挖是从 2011 年 6 月开始，到 7 月初基坑开挖到设计标高。

预应力损失监测资料的统计分析表明，GFRP 腰梁段锚索预应力的锁定损失较传统钢腰梁有一定优势，但随时间的损失较钢腰梁段偏大，张拉损失率基本相同。锚索张拉 82d 时，GFRP 腰梁段锚索总预应力损失率平均为 56.2%，型钢腰梁段预应力总损失率为 58.2%，两者接近。

5.4　基坑竖向位移监测

根据监测方案，在试验段内每隔 15m 布置一个监测断面。在开挖阶段每隔 7d 观测 1 次。图 5-17、图 5-18 是本工程试验段监测断面 18# ~ 21# 竖向位移累计曲线和沉降速率曲线。

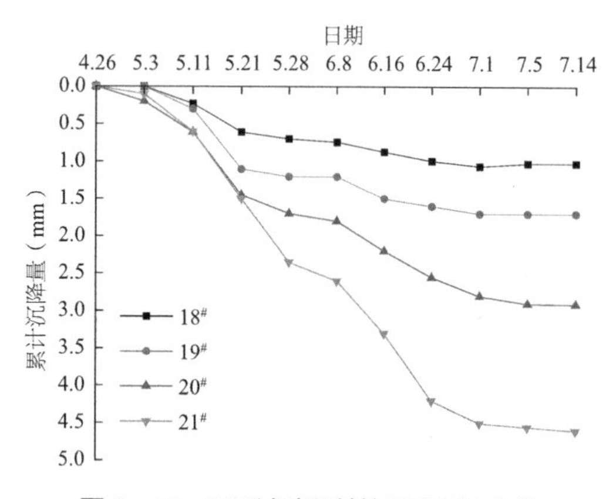

图 5-17　工程试验段基坑沉降累计曲线

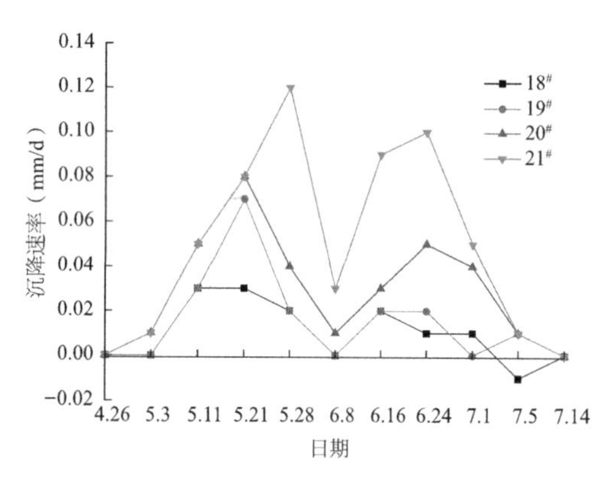

图 5-18　示范工程段基坑沉降速率统计曲线

实际观测资料表明，本试验段基坑边壁变形稳定，安全可靠，最大沉降量为开挖深度的 0.21‰，未产生任何损坏和危害，证明了复合材料腰梁的工程适用性。

5.5　内置式钢套筒连接现场应用效果评价

由于 FRP 材料的剪切强度、层间拉伸强度和层间剪切强度低，这使得连接一直是 FRP 结构设计中最难以解决的问题，并且连接部位最有可能成为整个结构当中的薄弱环节。目前 FRP 结构的连接通常为机械连接（铆接或螺栓连接）。在水清沟基坑工程中，针对工程的实际特点，腰梁的连接采用了内置式钢套筒连接构件。现场实际应用表明，内置式套筒连接方案，不仅可保证腰梁构件的受力连续，更主要的是现场施工方便、快捷，而且可实现可拆卸式的施工工艺。当基坑结束回填时，即可进行 GFRP 腰梁的拆卸，使腰梁进入下一次的循环再次利用。但由于套筒是采用钢板制作，而钢的弹性模量是 GFRP 弹性模量的十倍，由此形成了腰梁的刚性连接。在本工程应用中，当腰梁的连接处两侧灌注桩桩身立面差别较大时，曾出现了连接处腰梁局部破坏的现象，因此，在工程应用中应加以重视。

目前水清沟住宅项目已完成了基坑部分的建设工程内容，如图 5-19 所示。

图 5-19　复合材料腰梁段基坑开挖作业面

参考文献

[1] 钱七虎 . 城市可持续发展与地下空间开发利用 [J]. 地下空间 . 1998，18（2）：69-74.

[2] 彭颖 . 地下空间在我国城市立体开发中的发展 [J]. 地下空间 . 2003，23（2）：216-219.

[3] 叶四桥 . 地下空间开发利用中的几个环境问题 [J]. 地下空间 . 2002，22（2）：168-171.

[4] 陈之毅 . 城市地下空间利用与可持续发展 [J]. 地下空间 . 2001，21（3）：188-191.

[5] 金磊 . 建筑科学与文化 [M]. 北京：科学技术文献出版社，1999.

[6] 陈忠汉，黄书秩，程丽萍 . 深基坑工程 [M]. 北京：机械工业出版社，2002.

[7] 刘金砺 . 我国建筑基础工程技术的现状和发展的述评 [J]. 建筑技术，1997，28（7）：466-468.

[8] 刘国彬，王卫东 . 基坑工程手册（第二版）[M]. 北京：中国建筑工业出版社，2009.

[9] 瞿成凇 . 上海地铁四号线董家渡修复基坑降水实录 [J]. 岩土工程学报，2010，32（S2）：339-342.

[10] 王殿斌，吕三和 . 青岛市深基坑工程实践 [M]. 北京：中国建筑工业出版社，2011.

[11] 赵志缙，赵帆 . 深基坑工程技术的进展与展望 [J]. 建筑技术，2003，

34（2）: 88-93.

[12] 章伟，张明义，高立堂．复合材料腰梁受弯性能的试验研究 [J]. 建筑科学，2011，27（11）: 33-36.

[13] 王文伟．FRP 加固混凝土结构技术及应用 [M]. 北京：中国建筑工业出版社，2007.

[14] 叶列平，冯鹏．FRP 在工程结构中的应用与发展 [J]. 土木工程学报，2006，39（3）: 24-36.

[15] 杨左．复合材料在土木建筑中的应用发展 [J]. 玻璃钢 / 复合材料，2001（5）: 54-55.

[16] 李宏男．纤维增强复合材料在土木工程中的研究与应用 [C]. 第二届全国土木工程应用纤维增强复合材料（FRP）应用技术学术交流会议，昆明，2002：43~50.

[17] 布莱恩．哈里斯．工程复合材料 [M]. 北京：化学工业出版社，2004.

[18] Barbero Ever J，Fu Shin-Ham，Raftoyiannis Ioannis. Ultimate Bending Strength of Composite Beams[J].Materials in Civil Engineering，1991，3（4）: 292-304.

[19] Insausti A，Puente I，Azkune M. Interaction between Local and Lateral Buckling on Pultruded I-beams[J].Composites for Construction，2009，13（4）: 315-324.

[20] Zhang Wei，Zhang Mingyi，Gao Litang. Design and experimental investigation of a new-style pultruded GFRP mid-beam[C]. International Conference on Civil Engineering，Architecture and Building Materials. Haikou，2011：977-981.

[21] Cheng Y M，Choi Yong-ki，Yeung Albert T，et al. New Soil Nail Material-Pilot Study of Grouted GFRP Pipe Nails in Korea and Hong Kong[J].Composites for Construction，2009，13（6）: 547-557.

[22] 李志刚. 可拆卸复合材料面板土钉支护体系研究 [D]. 北京：中国科学院研究生院，2005.

[23] 彭衡和，邱贤辉. GFRP 锚杆加固高速公路红砂岩边坡的工程实例分析 [J]. 公路工路，2008，33（4）：114-116.

[24] 李国维，刘朝权，黄志怀，等. 应用玻璃纤维锚杆加固公路边坡现场试验 [J]. 岩石力学与工程学报，2010，29（A02）：4056-4062.

[25] Bakis C，Bank L，Brown V，et al.Fiber-Reinforced Polymer Composites for Construction-state-of-the-Art Review[J].Journal of Composites for Construction. 2002，6（2）：73-87.

[26] Smallowitz H. Reshaping the future of plastic buildings[J]. Civil Engineering，1985，55（5）：38-41.

[27] Lawrence C Bank. Composites for Construction：Structural Design with FRP Materials[M]. Hoboken，New Jersey：John Wiley & Sons，Inc.，2006.

[28] Hutchinson A. R. Joining of Fibre-reinforced Polymer Composite Materials[R]. CIRIA Report，1997.

[29] 冯鹏. 新型 FRP 空心桥面板的设计开发与受力性能研究 [D]. 清华大学，2004.

[30] 冯鹏，叶列平. FRP 结构和 FRP 组合结构在结构工程中的应用于发展 [C]. 第二届全国土木工程用纤维增强复合材料（FRP）应用技术学术交流会论文集，北京，2002：51-63.

[31] Raasch J E. All-composite construction system provides flexible low-cost shelter[J]. Composite Technology. 1998，4（3）：56-58.

[32] Keller T. Towards structural forms for composite fiber materials[J]. Structural Engineering International，1999，9（4）：297-300.

[33] 杨阳. FRP——混凝土组合桥面板钢梁桥动力响应分析 [D]. 同济大学，

2009.

[34] 蔡国宏．先进复合材料在桥梁中的应用现状和发展前景 [R]. 北京：交通部科学研究院，2000.

[35] 张大厚，王继辉．复合材料在建筑领域的使用现状及发展方向 [J]. 武汉理工大学学报，2009，（4）：63-66.

[36] 蒋汉生，金义洪．FRP 在建筑领域的应用 [J]. 玻璃钢 / 复合材料．1999，（3）：33-34.

[37] Righman Jennifer. Development of an Innovative Connection for FRP Bridge Decks to Steel Girders[M]. Morgantown，West Virginia，West Virginia University. 2002.

[38] GangaRao H，Craigo C. Fiber-reinforced composite bridge decks in the USA[J]. Structural Engineering Internation，1999. 9（2）：286-288.

[39] Lopez-Anido R，GangaRao H V S，Troutman D，et al. Design and construction of short-span bridge with modular FRP conposite deck[C]. Second International Conference on Composite in Infrastructure，Tucson，Arizona，1998：705-714.

[40] 万水，胡红，周荣星．FRP 桥面板结构特点与实例 [J]. 南京理工大学学报，2005，29（1）：17-21.

[41] Liu Zihong. Testing and Analysis of a Fiber-Reinforced Polymer（FRP）Bridge Deck[D]. Blacksburg，VA.：Virginia Polytechnic Institute and State University，2007.

[42] 张锢，Oghumu Stanley O，Cai C S.FRP 正弦波形夹心桥面板的等效有限元模型 [J]. 铁道科学与工程学报，2006，3（2）：39-43.

[43] Duthinh Dat. Connections of Fiber-Reinforced Polymer（FRP）Structural Members：A Review of the State of the Art[R]. United states Department of Commerce Technology Administration，2000.

[44] Bank L C，Mosallam A S，McCoy G T. Design and performance of connections for pultruded frame structures[J].Reinforced Plastics and Composites，1994（13）：199-212.

[45] Liu Zihong. Testing and Analysis of a Fiber-Reinforced Polymer（FRP）Bridge Deck[D]. Blacksburg，VA：Virginia Polytechnic Institute and State University，2008.

[46] Mottram J T，Bass A J. Moment-rotation behavior of pultruded beam-to-column connections[C]. Structures Congress Ⅻ ASCE，1994：423-428.

[47] Mottram J T and Zheng Y. State-of-the-art review on the design of beam-to-column connections[J]. Composite Structures，1996（35）：387-401.

[48] Smith S J，Parsons I D，Hjelmstad K D. Experimental Comparisons of Connections for GFRP Pultruded Frames[J]. Composites for Construction，1999，13（6）：20-26.

[49] Duthinh Dat，Bajpai Kunwar. Strength of an Interlocking FRP Connection[R]. National Institute of Standards and Technology，2001.

[50] Head P R，Churchman Q E. Design，Specification and Manufacture of a Pultruded Composite Construction System[C]. BPF Symposium on Mass Production Composites，Imperial College，London，1989：117-162.

[51] Danziger F A B，Danziger B R，Pacheco M P. The simultaneous use of the piles and prestressed anchors in foundation design[J].Engineering Geology，2006，87（3/4）：163-177.

[52] 沈宝汉．深基坑工程技术讲座（7）[J]. 建筑技术开发，1997（8）：49-52.

[53] 胡贺松．深基坑桩锚支护结构稳定性及受力变形特性研究 [D]. 湖南：中南大学，2009.

[54] 唱伟．超深基坑若干问题的研究及工程实践 [D]. 吉林：吉林大学，

2004.

[55] 姚爱国 . 基坑桩锚支护设计新方法 [J]. 探矿工程（岩土钻掘工程），2000（5）: 33-34.

[56] 姚爱国，汤风林 . 基坑支护结构设计方法讨论 [J]. 工业建筑，2001，31（3）: 7-10.

[57] 王建军 . 基坑支护现场试验研究与数值分析 [D]. 北京：中国建筑科学研究院，2006.

[58] 欧吉青 . 某深基坑桩锚支护体系计算方法与结果分析 [J]. 南华大学学报（自然科学版），2007，21（3）: 73-77.

[59] JGJ120-99. 建筑基坑支护技术规程 [S]. 北京：中华人民共和国建设部，1999.

[60] 张钦喜,霍达,尹宜成,等. 桩锚支护破坏形式及实例分析[J]. 工业建筑. 2002，32（6）: 77-79.

[61] 徐勇，杨挺，王心联 . 桩锚支护体系在大型深基坑工程中的应用 [J]. 地下空间与工程学报，2006，2（4）: 646-649.

[62] 王树旺 . 北京 CCTV 新台址基坑工程土层锚杆预应力损失与锚杆长期检测新方法 [J]. 岩土工程界，2006，9（5）: 45-47.

[63] 吴文，徐松林，周劲松，等 . 深基坑桩锚支护结构受力和变形特性研究 [J]. 岩石力学与工程学报，2001，20（3）: 399-402.

[64] Littlejohn G S. Long~term performance of high capacity rock anchors at Dovonport[J]. Ground Engineering，1979，12（7）: 25-33.

[65] 张发明，赵维柄，刘宁，等 . 预应力锚索锚固荷载的变化规律及预测模型 [J]. 岩石力学与工程学报，2004，23（1）: 39-43.

[66] 杜斌，李勇，孔思丽，等 . 预应力锚索抗滑桩中锚索预应力损失的试验研究 [J]. 岩土工程界，2006，9（1）: 74-76.

[67] 晏成明，曹国金，沈辉 . 岩土锚固技术应用和研究现状及其展望 [J].

岩土工程师，2002，14（2）：14-18.

[68] 张兴昌，夏锦红．单支点桩锚支护结构的锚固力锁定值影响因素的理论分析 [J]. 建筑技术，2008，39（5）：388-389.

[69] 张友葩，高永涛，吴顺川．预应力锚杆锚固长度的研究 [J]. 岩石力学与工程学报，2005，24（6）：980-986.

[70] 周永江，何思明，杨雪莲．预应力锚索的预应力损失机理研究 [J]. 岩土力学，2006，27（8）：1353-1358.

[71] 朱晗迓，孙红月，汪会帮，等．边坡加固锚索预应力变化规律分析 [J]. 岩石力学与工程学报，2004，23（16）：2756-2760.

[72] 汪海滨，高波．预应力锚索荷载分布机制原位试验研究 [J]. 岩石力学与工程学报，2005，24（12）：2113-2118.

[73] 益小苏，杜善义，张立同．复合材料手册 [M]. 北京：化学工业出版社，2009.

[74] 周祖福．复合材料学 [M]. 武汉：武汉理工大学出版社，2007.

[75] 沃丁柱，李顺林，王兴业，等．复合材料大全 [M]. 北京：化学工业出版社，2000.

[76] 尹洪峰，任耘，罗发．复合材料及其应用 [M]. 西安：陕西科学技术出版社，2003.

[77] 魁恩 F A，泼劳特 M I. 玻璃纤维增强复合材料设计 [M]. 福建：福建科学技术出版社，1987.

[78] 邹祖讳．复合材料的结构与性能 [M]. 吴人洁，等译．北京：科学出版社，1999.

[79] 倪礼忠，陈麒．聚合物基复合材料 [M]. 上海：华东理工大学出版社，2007.

[80] 矫桂琼，贾普荣．复合材料力学 [M]. 西安：西北工业大学出版社．2008.

[81] 黄家康. 复合材料成型技术及应用 [M]. 北京：化学工业出版社，2011.

[82] Barbero E J. Pultruded structural shapes-from the constituents to the structural behavior[J]. Soc. for the Advancement of Mater，and Process Engineering，1991，27（1）：25-30.

[83] 黄家康. 复合材料成型技术及应用 [M]. 北京：化学工业出版社，2011.

[84] 沈观林. 复合材料力学 [M]. 北京：清华大学出版社，1996.

[85] 曾庆敦. 复合材料的细观破坏机制与强度 [M]. 北京：科学出版社，2002.

[86] 冯鹏，陆新征，叶列平. 纤维增强复合材料建设工程应用技术——试验、理论与方法 [M]. 北京：中国建筑工业出版社，2011.

[87] 赵美英，陶梅贞. 复合材料结构力学与结构设计 [M]. 西安：西北工业大学出版社，2007.

[88] 王耀先. 复合材料结构力学设计 [M]. 北京：化学工业出版社，2001.

[89] GB/T 1447-2016.《纤维增强塑料拉伸性能试验方法》[S]. 北京：中华人民共和国国家质量监督检验检疫总局，中国国家标准化管理委员会，2005.

[90] GB/T 1449-2005.《纤维增强塑料弯曲性能试验方法》[S]. 北京：中华人民共和国国家质量监督检验检疫总局，中国国家标准化管理委员会，2005.

[91] GB/T 1448-2005.《纤维增强塑料压缩性能试验方法》[S]. 北京：中华人民共和国国家质量监督检验检疫总局，中国国家标准化管理委员会，2005.

[92] JC/T 773-1982.《单向纤维增强塑料层间剪切强度试验方法》[S]. 北京：全国纤维增强塑料标准化技术委员会，1982.

[93] Hashem Z A，Yuan R L. Experimental and analytical investigation on short GFRP composite compression members[J]. Composites，2000，

Part B，31（6-7）：611–618.

[94] Bank L C，Nadipelli M，Gentry T R. Local buckling and failure of pultruded fiber-reinforced plastic beams[J]. Engineering Material Technology，1994，116（2）：233-237.

[95] Turvey G J.Lateral buckling tests on rectangular cross-section pultruded GRP cantilever beams[J].Composites，1996，27B（1）：35-248.

[96] Brooks R J，Turvey G J. Lateral buckling of pultruded GRP I-section cantilevers[J].Composite Structure，1995，32（1-4）：203–215.

[97] Davalos J F，Qiao P，Salim H A. Flexural-torsional buckling of pultruded fiber reinforced plastic composite I-beams：Experimental and analytical evaluations[J]. Composite Structure，1997，38（1）：241-250.

[98] Mottram J T. Lateral torsional buckling of a pultruded I beam[J]. Composites，1992（23）：81-92.

[99] Shan L，Qiao P. Flexural-torsional buckling of fiber reinforced plastic composite open channel beams. Composite Structure，2005，68（2）：211-224.

[100] Davalos J F，Qiao P. Analytical and experimental study of lateral and distortional buckling of FRP wide-flange beams[J].Journal of Composites for Construction，1997，1：150-159.

[101] Salmon C G，Johnson J E.Steel Structures：Design and Behavior[M]. New York：HarperCollins，1996.

[102] Roberts T M.Influence of shear deformation on buckling of pultruded fiber reinforced plastic profiles[J].Journal of Composites for Construction，2002，6：241-248.

[103] Lawrence C Bank，Jianshen Yin.Failure of Web-flange Junction in Postbuckled Pultruded I-beam[J].Composites for Construction，1999，

3（4）: 177-184.

[104] Barbero E J, Fu S H, Raftoyiannis I.Ultimate bending strength of composite beams[J]. Journal of Materials in Civil Engineering.1991, 3: 292-306.

[105] Kolla′r L P.Buckling of unidirectionally loaded composite plates with one free and one rotationally restrained unloaded edge[J].Journal of Structural Engineering, 2002, 128（9）: 1202-1211.

[106] Kolla′r L P. Local buckling of fiber reinforced plastic composite structural memberswith open and closed cross sections[J].Journal of Structural Engineering, 2003, 129（11）: 1503-1513.

[107] Mottram J T. Evaluation of design analysis for pultruded fibre-reinforced polymeric box beams[J].Structural Engineer, 1991, 69: 211-220.

[108] 杨庆生．复合材料细观结构力学与设计 [M]. 北京：中国铁道出版社，2000.

[109] Sun C T, Vaidya R S.Prediction of composite properties from a representative volume element[J].Composites Science and technology, 1996, 56: 171-179.

[110] Zhang W C, Evans K E.Numerical prediction of the mechanical properties of anisotropic composite materials[J].Computers&Structures, 1988, 29（3）: 413-422.

[111] 庄茁．ABAQUS/Explicit 有限元软件入门指南 [M]. 北京：清华大学出版社，2001.

[112] GB50007-2011. 建筑地基基础设计规范 [S]. 北京：中华人民共和国住房和城乡建设部 .2011.

[113] Scott D W, Zureick A, Lai J S. Creep behavior of fiber reinforced

polymeric composites[J]. Journal of Reinforced Plastics and Composites，1995，14：590-617.

[114] Dutta Piyush K，Hui David. Creep rupture of a GFRP composite at elevated temperatures[J]. Computers & Structures，2000，76：153-161.

[115] Yasushi Miyano，Masayuki Nakada，Naoyuki Sekine.Accelerated testing for long-term durability of GFRP laminates for marine use[J]. Marine Composites，2004，35：497-502.

[116] 任惠韬．纤维增强复合材料加固混凝土结构基本力学性能和长期受力性能研究 [D]. 大连：大连理工大学，2003.

[117] Hamid Saadatmanesh，Fares E Tannous.Ralaxation，creep and fatigue behavior of carbon fiber reinforced plastic tendons[J].ACI Materials Journal，1999，（96）2：141-153.

[118] Lifshitz J M，Rotem A. Longitudinal tensile failure of unidirectional fibrous composites[J].Journal of Material Science，1972，7（8）：861-869.

[119] Bank L C，Mosallam A S.Creep and failure of a full-size fiber-reinforced plastic pultruded frame[J].Composite Engineering，1992，2（3）：212-215，217-227.

[120] 张飚，杨松．新型嵌入式型钢腰梁在基坑支护工程中的应用 [J]. 工业建筑，2007，37（4）：16-18.

[121] 王宪章，姜晓光．无腰梁预应力锚索护壁桩锚固新技术 [J]. 岩土工程学报，2010，32（s1）：321-323.

[122] GB50330-2002.《建筑边坡工程技术规范》[J]. 北京：中华人民共和国建设部，2002.

[123] CECS22：2005.《岩土锚杆（索）技术规程》[S]. 北京：中冶集团建筑研究总院，2005.

[124] DL/TB 5083-2004.《水电水利工程预应力锚索施工规范》[S]. 北京：中华人民共和国国家发展和改革委员会 . 2004.

[125] 高永涛，吴顺川，孙金海 . 预应力锚杆锚固段应力分布规律及应用 [J]. 北京科技大学学报，2002，24（4）：387-390.

[126] 吴文，徐松林，汪大国 . 深基坑桩锚支护体系中的土锚试验研究 [J]. 土工基础，2000，14（1）：27-30.

[127] 陈安敏，曹金刚 . 预应力锚索的长度与预应力值对其加固效果的影响 [J]. 岩石力学与工程学报，2002，21（6）：848-852.

[128] 张向阳，顾金才，沈俊，等 . 锚固基坑模型试验研究 [J]. 岩土工程学报，2003，25（5）：642-646.

[129] 张金龙，徐卫亚，徐飞，等 . 深卸荷变形拉裂岩体锚索预应力损失规律研究 [J]. 岩石力学与工程学报，2009，28（2）：3965-3970.

[130] 景锋，余美万，边智华，等 . 预应力锚索预应力损失特征及模型研究 [J]. 长江科学院院报，2007，24（5）：387-390.

[131] 沈印，陈丽凡 . 基坑支护结构计算方法的比较分析 [J]. 地下空间与工程学报，2019，15（1）：100-104.

[132] 刘杰 . 预应力鱼腹式钢支撑在深基坑支护方案优化设计中的应用 [J]. 建筑结构，2018，48（9）：103-107.

[133] 王传鹏 . 桩锚支护中腰梁的应用及对锚索预应力损失的影响研究 [D]. 青岛：青岛理工大学，2015.

[134] 周盛哲 . 内撑式支护结构中腰梁的受力分析与优化设计 [D]. 广州：广州大学，2016.

[135] Wenxi Wang，Jianyong Li，Wengang Fan. Investigation into static contact behavior in belt rail grinding using a concave contact wheel[J]. International Journal of Advanced Manufacturing Technology，2019，101（9-12）：2825-2835.

[136] Zhao Chaoyue, Li Jianyong, Wang Wenxi. Forming mechanisms based simulation and prediction of grinding surface roughness for abrasive belt rail grinding[J]. Procedia CIRP, 2020, 87（C）.

[137] Business - Manufacturing; Recent Research from Chongqing University Highlight Findings in Manufacturing（Experimental and Simulation Research On Residual Stress for Abrasive Belt Rail Grinding）[J]. Journal of Technology, 2020.

[138] Fan W G, Zhang S, Wang J D, et al. Temperature Field of Open-Structured Abrasive Belt Rail Grinding Using FEM[J]. International Journal of Simulation Modeling, 2020, 19（2）: 346-356.

[139] 王迪．装配式地铁车站支撑与腰梁、连续墙节点力学性能研究[D]. 广州：华南理工大学，2019.

[140] 庄淼．基坑支护工程设计与施工新技术——评《基坑支护工程研究与探索》[J]. 矿业研究与开发，2020，40（8）: 184-185.

[141] 上官士青，杨剑．基坑开挖对临近桥梁桩基的影响分析[J]. 港工技术，2020，57（4）: 90-94.

[142] 赵桐德，李二超，闫继业，等．动荷载作用下基坑支护结构动力响应研究[J]. 地震工程与工程振动，2020，40（3）: 216-222.

[143] 阮祎萌．城市地下空间工程基坑支护设计与分析[J]. 建筑结构，2020，50（S1）: 989-994.

[144] 徐洪瑞，崔海军，周鹏，等．新型双芯扩体桩锚基坑支护结构施工工艺研究[J]. 建筑结构，2020，50（S1）: 1044-1050.

[145] Mohamed I Ramadan, Mohamed Meguid. Behavior of cantilever secant pile wall supporting excavation in sandy soil considering pile-pile interaction[J]. Arabian Journal of Geosciences, 2020, 13（7）.

[146] 胡瑞庚，刘红军，王兆耀，等．邻近建筑物的滨海土岩组合基坑支

护结构变形分析 [J]. 工程地质学报：1-11[2020-09-14].https：//doi.org/10.13544/j.cnki.jeg.2019-545.

[147] Linlong Mu，Jianhong Lin，Zhenhao Shi，Xingyu Kang，Tomas Veloz. Predicting Excavation-Induced Tunnel Response by Process-Based Modelling[J]. Complexity，2020.

[148] 张斌，周鲲 . Deformation Prediction of Foundation Pit Supporting Structure Based on Neural Network Model[J]. 土木工程，2020，9（1）.

[149] 钱峰 . 桩锚支护基坑工程变形特性研究 [D]. 北京：中国地质大学（北京），2020.

[150] 邵莹 . 呼和浩特地铁深基坑支护冻胀影响数值分析 [J]. 铁道工程学报，2020，37（4）: 22-25.

[151] National Trench Safety LLC；Patent Issued for Corner Roller Cart For Excavation Support Structures And Methods For Using Same（USPTO 10，604，907）[J]. Journal of Engineering，2020.

[152] Wenbiao He. Research on the evaluation model of deep foundation pit supporting structures in urban traffic tunnels[J]. International Journal of Biometrics，2020，12（1）.

[153] 孔德森，张杰，王士权，等 . 基坑支护倾斜悬臂桩受力变形特性试验研究 [J]. 地下空间与工程学报，2020，16（1）: 160-168.

[154] Oatey Co. “Closet Flange With Bolt Support” in Patent Application Approval Process（USPTO 20200224401）[J]. Politics & Government Week，2020.

[155] 刘宇鹏，夏才初，吴福宝，等 . 高地应力软岩隧道长、短锚杆联合支护技术研究 [J]. 岩石力学与工程学报，2020，39（1）: 105-114.

[156] 单仁亮，彭杨皓，孔祥松，等 . 国内外煤巷支护技术研究进展 [J]. 岩石力学与工程学报，2019，38（12）: 2377-2403.

[157] 叶帅华，赵壮福，朱彦鹏．框架锚杆支护黄土边坡大型振动台模型试验研究 [J]. 岩土力学，2019，40（11）：4240-4248.

[158] Marianna Pleshko，Ivan Shornikov. Determination of stresses in concrete lining with rock-bolt in case of exhaustion of rock-bolt supporting strength[J]. MATEC Web of Conferences，2019，265.

[159] 赵象卓，张宏伟，CAO Chen，等．大直径玻璃钢锚杆工作面帮支护性能试验研究 [J]. 中国安全科学学报，2019，29（2）：118-124.

[160] Krukovskyi Oleksandr，Bulich Yurii，Zemlianaia Yuliia. Modification of the roof bolt support technology in the conditions of increasing coal mining intensity[J]. E3S Web of Conferences，2019，109.

[161] 宋享桦，谭勇，刘俊岩，等．拉拔作用下锚杆复合土钉支护协同作用细观机制研究 [J]. 岩石力学与工程学报，2019，38（3）：591-605.

[162] Meng Nie，Liu Yueming，Li Jianyong. Feature extraction method of abrasive belt wear state for rail grinding[J]. Machining Science and Technology，2019，23（6）.

[163] Zhao Chaoyue，Li Jianyong，Wang Wenxi. Forming mechanisms based simulation and prediction of grinding surface roughness for abrasive belt rail grinding[J]. Procedia CIRP，2020，87（C）.

[164] 刘杰．预应力鱼腹式钢支撑在深基坑支护方案优化设计中的应用 [J]. 建筑结构，2018，48（9）：103-107.

[165] 刘畅，季凡凡，郑刚，等．降雨对软土基坑支护结构影响实测及机理研究 [J]. 岩土工程学报，2020，42（3）：447-456.

[166] Panpan Guo，Xiaonan Gong，Yixian Wang. Displacement and force analyses of braced structure of deep excavation considering unsymmetrical surcharge effect[J]. Computers and Geotechnics，2019，113.

[167] 王杰，李迪安，田宝吉，等 新型桩－土－撑组合支护体系工程应用

研究 [J]. 岩土工程学报，2019，41（S2）: 93-96.

[168] 李红军，张开普 . 可回收式锚杆在基坑支护工程中的应用 [J]. 建筑结构，2019，49（10）: 110-114

[169] Zengwei Liu，Aizhao Zhou，Yuan，et al. Liu. Numerical Simulation Analysis of Supporting Stability of Cast-in-place Piles in Pipe Jacking[J]. IOP Conference Series: Earth and Environmental Science，2019，267（4）.

[170] 章伟，张明义，高立堂 . 复合材料腰梁受弯性能的试验研究 [J]. 建筑科学，2011，27（11）: 33-36.

[171] Wei Zhang，Mingyi Zhang，Litang Gao. Design and experimental inbvestigation of a new-style pultruded GFRP mid-beam. [J]. Advanced Materials Research，2011: 250-253.

[172] Wei Zhang，MingYi Zhang，Li Tang Gao. Experimental Study on the Bending Properties of GFRP Middle Beam in Foundation Pit Support[C]. The 2011 International Conference on Materials Science and Engineering Applications. Advanced Materials Research，2011: 160-162.

[173] Wei Zhang，Ming Yi Zhang ，Li Tang Gao.Experimental Study On The Mechanical Properties of Composite Middle Beam In Foundation Pit Support[C]. Proceedings of the Eleventh International Symposium on Structural Engineering，2010.

[174] 章伟，张明义，寇海磊，等 . 一种复合材料腰梁支护装置: 实用新型，中国，专利号: 20102 0236319 [P].

[175] 章伟，张明义，寇海磊，等 . 一种复合材料腰梁支护装置: 发明专利，中国，专利号: 2010 10208704X[P].